Sebastian Stiller

Planet der Algorithmen

Ein Reiseführer

Knaus

Verlagsgruppe Random House FSC® N001967

2. Auflage
Copyright © der Originalausgabe 2015
beim Albrecht Knaus Verlag, München,
in der Verlagsgruppe Random House GmbH
Redaktion und Illustrationen:
Meiken Endruweit, www.stapel-lauf.de
Satz: Buch-Werkstatt GmbH, Bad Aibling
Druck und Einband: CPI – Clausen & Bosse, Leck
Printed in Germany
ISBN 978-3-8135-0693-8

www.knaus-verlag.de

Für Gabi

Inhalt

Ein Reiseführer

Algorithmen sind Kunstwerke der Faulheit. Sie kommen in den verschiedensten Formen vor: kleine geniale oder aufwendige von imposanter Größe. Leise, die von einem auf den ersten Blick nicht sichtbaren Geistesblitz belebt sind, oder bahnbrechende, revolutionär anders gedachte. Methodisch überwältigend anspruchsvolle, die auf den Schultern von Giganten stehen, oder schlichte, die derart wohlgefügt sind, dass man sich nicht vorstellen kann, jemals wieder anders zu denken. Es gibt Auftragskunst und Algorithmen um ihrer selbst willen. Es gibt Schulen und Stile, Geschmack und Kriterien. Es gibt epochale Meisterwerke und brauchbare Produkte fleißigen Epigonentums.

Sie alle werden von Menschen geschaffen – von Menschen, die Kreativität, Bildung und unzählige Nächte auf ihre Vervollkommnung verwenden. Gerade jene Algorithmen, die kurz, schlicht und mit entwaffnender Selbstverständlichkeit auftreten, sind wie Gedichte: konsequent und kunstfertig reduziert, um perfekt zu sein.

Die Verbreitung von Rechnern hat diese Kunst der Faulheit zum Leuchten gebracht und sie eine respektable volkswirtschaftliche Wirkung entfalten lassen. Aber Algorithmen brauchen keine Computer. Der Mensch kennt Algorithmen spätestens, seit er rechnen kann. Algorithmisch zu denken heißt, darüber nachzudenken, wie man denkt. Ein Algorithmus ist ein Teil unseres Denkens, den wir so gut verstanden haben, dass wir ihn getrost auslagern können. Wir lassen denken. Dafür sind dann die Computer gut.

Unser Bild vom Planeten der Algorithmen ist ein anderes. Algorithmen haben einen schlechten Ruf. Man nennt sie in einem Atemzug mit Gleichmacherei, Großkonzernen, Bespitzelung und Bedrohung. Erschreckender als die Vorwürfe der einen ist nur das Lob der anderen, als sei Algorithmik eine Alchimie unserer Zeit, die Wissen aus dem Nichts erschafft. Und überall geht man stillschweigend davon aus, dass jeder weiß, was das eigentlich ist, ein Algorithmus. Die öffentliche Diskussion über den Planeten der Algorithmen ist verstörend. Vor allem für jene, die den Planeten mit eigenen Augen gesehen haben.

Irgendwann ist es Zeit, zu verstehen, dass Mallorquiner keine Sangria aus Eimern trinken. Dann faltet man das Strandhandtuch fein säuberlich zusammen, greift zum Reiseführer und macht sich auf ins Hinterland. Dieses Buch ist so ein Reiseführer. Er richtet sich an alle, die etwas mehr über den Planeten der Algorithmen erfahren möchten, ohne dort für immer leben zu wollen. Es ist eine Einladung, den Planeten aus der Perspektive eines Einheimischen zu erkunden. Diese Perspektive ist weder unparteiisch noch unkritisch – und auch nicht unumstritten.

Wer auf dem Planeten zu Hause ist, sorgt und streitet sich wie andere auch um Datensicherheit und das Verhältnis zwischen uns Menschen und unseren Algorithmen. Die Meinung dazu ist unter den Einheimischen keinesfalls einhellig. Aber die Diskussionen sind erhellender, wenn man ein bisschen

Hinterland gesehen hat. Dafür braucht es nicht viel. Die mathematischen Klettertouren in diesem Buch lassen sich allesamt in Strandlatschen bewältigen. Das reicht, um mit einer Menge Klischees aufzuräumen und zu den Quellen der Ströme und Ideen vorzustoßen, die heute Schlagzeilen machen.

Unsere Tour

Dieses Buch beschreibt eine siebentägige Reise über den Planeten. Es geht um ein paar Dinge, die auf dem Planeten wirklich wichtig sind, die zu Hause aber niemand kennt. Es geht auch um die großen Sehenswürdigkeiten, von denen zu Hause alle fabulieren. Und es wird ein paar Dinge zu sehen geben, die man weder im Hochglanzkatalog noch in den Horrormeldungen liest.

Die meisten Touristen sind schon am *Anreisetag* überrascht, wie nahe uns der Planet der Algorithmen liegt – ganz egal, ob man ein Smartphone benutzt oder noch Telefonbücher wälzt.

Am zweiten Tag nehmen wir uns Zeit für eine schlichte Frage: Was ist ein Algorithmus? Es besteht nämlich Grund zur Annahme, dass manche dieses Wort verwenden, ohne seine Bedeutung zu kennen. {Ich will nichts unterstellen, aber die Definition ist auch für Einheimische nicht ohne.}

Alle reden von Algorithmen, wenige von Komplexität. Dabei ist Komplexität für Algorithmen wie die Schwerkraft. Wer sich auf dem Planeten der Algorithmen bewegen will, muss lernen, sie zu respektieren. *Am dritten Reisetag* erleben wir, wie real Komplexität jeden Tag auf unserem Planeten ist.

Der vierte Tag gehört der unbekannten Schönheit des Planeten abseits der großen Sehenswürdigkeiten. Wir tauchen ein in das alltägliche Leben mit Algorithmen. Wir erlernen ein paar einfache, traditionelle Techniken, um auf die Jagd nach Information zu gehen. Und wir sehen, wie die Einheimischen der Schwerkraft trotzen – bei alltäglichen Dingen wie dem Packen eines Rucksacks.

Am fünften Tag machen wir klassisches Touristenprogramm, unter anderem die berühmten kalifornischen Suchmaschinen. Wir gehen aber nicht über den Touristenpfad, sondern nehmen die alte, fast vergessene Route, auf der diese Region zuerst entdeckt wurde. Als Belohnung für die Wanderung steht das Wunder der Suchmaschinen dann kristallklar vor uns.

Aus der Ferne erscheint der Planet für viele als eine Welt der Technik. Seit Langem eröffnen Algorithmen auch Möglichkeiten, um unser menschliches Zusammenleben gleichberechtigt zu gestalten. *Am sechsten und vorletzten Tag* unserer Reise erkunden wir solche Wege ins Gleichgewicht.

Am Abreisetag treffen wir uns noch schnell mit vier alten Meistern des algorithmischen Denkens. In ihren Augen sind Algorithmen in der Natur und unserer Gesellschaft am Werk. Daraus gewinnen sie eine neue Sicht auf unsere Welt – vom Zeichnen eines Baums bis zur Evolutionstheorie.

Wer noch ein paar Tage mehr Urlaub hat, findet am Ende dieses Reiseführers Tipps, um noch ein wenig allein über den Planeten zu streifen.

1. Der Planet

Ganz in unserer Nähe, ob mit Smartphone oder Telefonbuch

Anreise über die Luftbrücke

Er hatte noch keinen Nobelpreis. Die Bundesregierung lehnte es noch ab, ihn am Brandenburger Tor sprechen zu lassen. Dennoch kamen am 24. Juni 2008 über 200 000 Berliner auf die Straße des 17. Juni. Sie blickten nach Westen zum Rednerpult unter der Siegessäule. Die Bühne war leicht aus der Ost-West-Achse herausgedreht, so dass der warme Glanz der Abendsonne Barack Obamas linke Gesichtshälfte ausleuchtete. Hollywood hätte es nicht besser inszenieren können.

Obamas Rhetorik glänzte ebenfalls. Er hatte Zeit und Ort der einzigen Auslandsrede seiner Kandidatur bewusst gewählt. 60 Jahre nach dem Beginn der Berliner Luftbrücke berief sich Obama in seiner Rede auf ihren Geist. Auf ein Denken, durch das im Sommer 1948 Hilfsflugzeuge am Himmel über dieser Stadt erschienen und die Bevölkerung mit dem Nötigsten versorgten. Es sei an der Zeit, so Obama, dieses Denken wieder zu beleben und neue Brücken zu bauen. Brücken über den Atlantik und Brücken, die den ganzen Planeten umspannen. Das Berliner Publikum hörte es gern, aber bewahrte eine erfahrungsgesättigte Zurückhaltung, einem Politiker nicht auf offener Straße zuzujubeln.

Warum sind so viele Menschen zu Obamas Rede gekommen? {Einen perfekten Sommerabend kann man in Berlin anders verbringen.} In den Worten des Nobelpreiskomitees: Obama schaffte es, »*den Menschen die Hoffnung auf eine bessere Zukunft zu geben*«. Die wenigsten kamen wegen des hoffnungsvollen Präsidentschaftskandidaten. Die Menschen kamen um die Hoffnung eines ganzen Planeten zu hören:

Now is the time to build new bridges across the globe [...]. Now is the time to join together, through constant cooperation, strong institutions, shared sacrifice, and a global commitment to progress, to meet the challenges of the 21st century. It was this spirit that led airlift planes to appear in the sky above our heads, and people to assemble where we stand today.

Für einen kurzen Moment erschien dieses Denken nicht als Naivität, sondern als unsere Verantwortung. Vielleicht wird es einen Planeten mit solchen Brücken, mit dieser Zusammenarbeit, mit derartigen Institutionen und gemeinsamen Anstrengungen oder auch nur gemeinsamen Zielen niemals geben. Aber wenn ein solcher Planet jemals auch nur in Teilen Realität sein wird, dann wird es ein Planet der Algorithmen sein.

Die Luftbrücke entsprang politischer Entschlossenheit und strategischem Augenmaß. Beides Dinge, für die Algorithmen herzlich ungeeignet sind. Aber schon nach wenigen Wochen stieß die Entschlossenheit auf Probleme. Es galt, mehr als zwei Millionen Menschen über mehr als 400 Tage hinweg mit insgesamt über zwei Millionen Tonnen Gütern zu versorgen, ein Großteil davon war Kohle. Der Wille war groß, aber die Mittel knapp. Keinen Tag durfte die Brücke zusammenbrechen. Hunderte von Flugzeugen brauchten Wartung, die

14

Crews Auszeiten. Neue Piloten mussten geschult, die Mengen der Hilfsgüter bestimmt und diese Güter zu den Flughäfen gebracht werden. Die Aufgabe war nur zu bewältigen, indem man den Einsatz der vorhandenen Ressourcen hervorragend plante. Es ging nicht nur um mehr Flugzeuge oder mehr Personal. Es ging darum, bessere Entscheidungen zu treffen. Die Alliierten erkannten, dass ihre Planungsfähigkeit an eine Grenze kam. {Erst gut 20 Jahre später würde man einen klaren Begriff davon haben, dass dies eine der mächtigsten Grenzen des menschlichen Denkens ist.}

Der Mathematiker George Dantzig arbeitete damals für die US-Luftwaffe. Dort entwickelte er ein Verfahren namens Simplex-Algorithmus. Unter Freunden einfach: Simplex. In einem Artikel der Fachzeitschrift *Econometrica* von 1949 zeigte Dantzig, dass Planungsprobleme wie die der Luftbrücke in vereinfachter Form durch den Simplex gelöst werden können.

Heute gehört der Simplex-Algorithmus weltweit zum Standardstoff für Studenten der Mathematik und Informatik. {Wenn man Glück hat, auch der Wirtschafts- und mancher Ingenieurswissenschaften.} Der Simplex löst sogenannte lineare Programme. Darüber hinaus ist er der wichtigste Baustein für die Lösung der schwierigeren, sogenannten ganzzahligen linearen Programme. Der Ausdruck »Programm« ist dabei irreführend. Es handelt sich nicht um Computerprogramme, sondern um Typen mathematischer Probleme – ähnlich wie Gleichungssysteme. Lineare Programme und ganzzahlige lineare Programme haben sehr vielfältige Anwendungen. Mit dem Simplex und seinen Abkömmlingen kann man Logistiknetze koordinieren, Schweißroboter von Umwegen abbringen, Fahr- und Flugpläne verbessern, Energienetze planen, Bauteile optimieren, Kofferräume packen, Genomsequenzierung beschleunigen, Arbitrage erkennen ... die Liste aller Anwendungen würde ein ganzes Buch füllen. Aber all diese Anwendungen zusammen machen nur einen kleinen Teil dessen aus, was heute algorithmisch geplant, konstruiert, entschieden oder gesteuert wird.

Algorithmen und Computer

Algorithmen gab es lange, bevor es Computer gab. Noch der Simplex wurde in seinen ersten Anwendungen nicht von Computern ausgeführt, sondern verschlang Hunderte stumpfsinnige Arbeitsstunden von Buchhaltern. Das große Aufblühen der Algorithmen und die Entwicklung von Rechnern fanden dennoch nicht zufällig gleichzeitig statt. Ein Algorithmus besteht aus einfachen Schritten. Seine Kraft entfaltet er, wenn viele, sehr viele davon nacheinander ausgeführt werden. Viele einfache Schritte auszuführen ist das Handwerk eines Rechners. Dantzig gehörte zu den Pionieren des Zusammenspiels von Rechner und Algorithmus. Anfang der 1950er Jahre arbeitete er bei RAND. Diese Denkfabrik hatte einen der unglaublich teuren ersten Lochkartenrechner. Als Dantzigs Arzt ihm riet, Diät zu halten, fütterte er den Dienstrechner mit Hunderten Lochkarten über Nahrungsmittel und den Empfehlungen des Arztes und ließ den Simplex seine persönliche Diät berechnen. Geldwerter Vorteil, wird man sagen, bis man das Ergebnis hört: 200 Brühwürfel am Tag – mit Beilage. {Auf Rückfrage räumte Dantzigs

Arzt ein, keine Schranke für Salz angegeben zu haben, weil Menschen für gewöhnlich davon nicht zu viel äßen.}

Von den Tagen der Lochkartenrechner bis heute hat sich die Leistung von Rechnern beeindruckend entwickelt. Etwa alle ein bis zwei Jahre verdoppelt sich die Leistungsfähigkeit eines Prozessors. Diese grobe Beobachtung nennt man das Mooresche Gesetz. Es kann nicht immer so weitergehen. Ganz gleich, wie der Rechner gebaut ist, wenn eine Rechenoperation durchgeführt wird, muss sich irgendetwas in dem Rechner verändern. Was sich verändert, kann kleiner und kleiner werden, aber nicht kleiner als die kleinsten Bauteile der Materie. Spätestens dann ist Schluss. De facto sind wir schon heute vor allem aus thermischen Gründen an der Grenze der Verdopplung angelangt.

Der Fortschritt der Leistung von Rechnern lässt sich greifen. Gibt es auch einen Fortschritt der Algorithmen? Oder gibt es nur immer neue Anwendungen? Das Simplex-Verfahren und seine Ableger werden stetig weiterentwickelt. Nehmen wir sie für einen Vergleich. Im Jahr 1990 sollen zwei Teams ein und dasselbe ganzzahlige lineare Programm lösen. Beide Teams dürfen kurz in das Jahr 2014 reisen. Team 1 bringt einen aktuellen Laptop von 2014 mit nach Hause und führt darauf das beste Lösungsverfahren von 1990 aus. Team 2 hat sich das beste Lösungsverfahren aus 2014 mitgebracht und führt es auf seinem alten Rechner von 1990 aus. Team 1 löst das Problem 6500-mal schneller, als man es 1990 ohne Zeitreise hätte lösen können – ungefähr Mooresches Gesetz. Team 2, also das Team mit dem alten Rechner und dem neuen Algorithmus, löst das Problem 870 000-mal schneller. Der algorithmische Fortschritt übertrumpft hier

Zwei Teams: Algorithmischer Fortschritt.

den der Rechenleistung um mehr als das Hundertfache. Anders gesagt, während man mit dem Lösungsverfahren von
2014 nach einer Minute einen Plan für die Luftbrücke bekommt, wird das alte Verfahren erst fertig, wenn die Transit-
straßen nach Berlin schon wieder offen sind: Das Computer-
zeitalter ist ein Zeitalter der Algorithmen.

Die Leistungssteigerung eines besseren Algorithmus
kommt buchstäblich aus dem Nichts. Sie verbraucht keine
zusätzlichen Ressourcen wie mehr Energie oder ausgefal-
lene Werkstoffe. Sie entsteht einfach, weil wir weniger umständlich nach der Lösung suchen, weil wir sehen, wie es
einfacher geht.

Es ist die Kunst der Faulheit. Faul sein möchten viele. Aber
Gelegenheitsfaulheit erzeugt am Ende oft mehr Aufwand.
Im großen Stil faul zu sein erfordert Wissen, Geistesschärfe
und die Entschlossenheit, im entscheidenden Moment keine

Mühen zu scheuen. Ein Algorithmus glänzt, weil er die ihm gestellte Aufgabe mit makelloser Faulheit erfüllt.

Die Blütezeit des Planeten

Algorithmisches Denken genießt im Augenblick besondere Aufmerksamkeit, weil Möglichkeiten und Herausforderungen unserer Tage ihm entgegenkommen. Die Verbreitung von Rechnern, der Zugang zum Internet und nicht zuletzt die Verfügbarkeit guter und einfach zu nutzender Programmiersprachen verleihen algorithmischen Ideen einen großen Hebel. Gleichzeitig wächst der Bedarf für algorithmische Lösungen. Die Planungsprobleme der Luftbrücke waren ein Vorgeschmack. Heute gilt es, Ressourcen sinnvoll zu nutzen, Metropolen vor dem Verkehrsinfarkt zu retten, globale Kommunikation und weltweites Reisen zu organisieren, Wissen zugänglich zu machen, Epidemien einzudämmen, Medikamente schneller zu entwickeln, wunschgerechte und immer komplexere Technologien zu beherrschen. Gleichzeitig muss es uns trotz der Größe unserer Gemeinschaft gelingen, auch in heiklen Fragen wie der zuverlässigen Auswahl von Informationen oder der Verteilung knapper Ressourcen wie Wasser oder Spenderorganen fair zusammenzuarbeiten. All das wird uns in der Größenordnung unseres Planeten nur gelingen, wenn wir konsequent die Hilfe von Algorithmen in Anspruch nehmen.

Der wachsende Bedarf an algorithmischen Lösungen hat vor allem zwei Gründe: Vernetzung und Perfektionierung. Die Systeme, mit denen wir leben, werden größer und stärker vernetzt. Das gilt für soziale und wirtschaftliche Systeme genauso wie für technische. Aber gerade von großen Institutionen erwarten wir, dass wichtige Entscheidungen zu Ende gedacht und alle verfügbaren Informationen genutzt werden. Größe kann unmöglich machen, was im Kleinen selbstverständlich erscheint. Ein Chefredakteur kann aus einer kleinen Menge von Beiträgen auswählen. Für eine Themensuche im Internet muss man sich mit Algorithmen behelfen.

Hinzu kommt ein wachsendes Bedürfnis nach Perfektion. Es reicht nicht, dass ein System *irgendwie* funktioniert, dass ein Auto *irgendwie* fährt oder eine Handvoll Gewürze *irgendwie* von einem Kontinent zum anderen gelangen. Die für ein System aufgewandten Ressourcen müssen bestmöglich genutzt werden, die Belastungen sollen weitestgehend reduziert werden und das System selbst soll sich perfekt unseren Erwartungen anpassen. Um diesen Fortschritt zu ermöglichen, wachsen viele Planungs-, Entwicklungs- und Steuerungsproblem zu einer Größe an, die der Mensch im Prinzip versteht, aber nicht mehr im Einzelnen durchgehen kann. Algorithmische Optimierung ist in vielen dieser Fälle der Schlüssel, um die Grundidee zu perfektionieren.

Die Mehrzahl der Gründe für den gesteigerten Bedarf an Algorithmen läuft auf eines hinaus: große Strukturen. Ein Algorithmus kann seine Vorteile ausspielen, wenn das Problem groß wird. Algorithmen sind Expertenwerkzeuge, um der Größe technischer oder wirtschaftlicher Systeme Herr zu werden. Gerade deswegen eignen sie sich auch für Allmachtsfantasien, für Technokraten und für im planetarischen Maßstab denkende Unternehmen. Dazu passt, dass George

Dantzig – bevor ihm seine Forschung Professuren in Berkeley und Stanford einbrachte – für das Bureau of Labor Statistics, die Luftwaffe und für RAND, einen Think Tank für das US-Militär, arbeitete. Das ist kein Zufall. Die Vogelperspektive militärischer und staatlicher Planung ist aus der Geistesgeschichte der Algorithmen nicht wegzudenken.

Der Einfluss von Algorithmen beschränkt sich nicht auf technische Details. Algorithmen verändern die Möglichkeiten für Autodesigner, Karosserien, und für Architekten, Gebäude zu entwerfen. Sie prägen Formen, in denen wir leben und durch die unser Geschmack entwickelt wird. Algorithmen definieren das Erscheinungsbild der Trickfilme, die unsere Kinder sehen. Manchmal zeichnen sie damit die Handlung vor. Algorithmen reden mit bei der Organisation unseres Wirtschaftens und der Art, wie wir Musik oder die Meinung anderer wahrnehmen. Wir vertrauen ihnen die Vorauswahl der Familienfotos oder des Films für heute Abend an. Algorithmen verändern die Wissenschaften – eine nach der anderen. Sie entscheiden, gegen wen ein Staat Verdacht schöpft und ein Kaufhaus Hausverbot erlässt. Sehr bald fahren sie unsere Autos. {Und sie haben noch nicht einmal Spaß dabei.}

Hype und Hysterie

Parallel zu ihrer Bedeutung wächst das öffentliche Bild der Algorithmen. Algorithmen scheinen allgegenwärtig, nahezu allmächtig und für normale Menschen nicht zu verstehen zu sein. In der Folge pendelt unsere Wahrnehmung von Algorithmen zwischen Hype und Hysterie.

Algorithmiker tragen mit Wissenschafts- und Technologie-marketing das ihre zu Hype und Hysterie bei. »Künstliche Intelligenz« ist ein unnötig anmaßender Name für eine bestimmte Art von Algorithmen. Am sogenannten autonomen Fahren ist rein gar nichts autonom. {Und das ist auch gut so. Gesetze werden einzig und allein von Menschen gemacht.}

Unsere Haushaltsgeräte: Wir kennen ihre Grenzen.

Die Rede vom »Planeten der Algorithmen« ist Teil des publizistischen Hypes. Wir werden unseren Planeten außerhalb dieses Buches niemals so nennen. So wie wir ihn auch nie »Planet der Chemie« oder »Planet der Maschinen« genannt haben. Dabei wäre er ohne die beiden in wesentlichen Teilen nicht so, wie er heute ist. Er wäre weniger lebenswert. Das Gleiche gilt für den »Planeten der Algorithmen«. Unser Verständnis von Maschinen oder Chemie scheint ein gutes

Stück weiter als das von Algorithmen. Die wenigsten von uns gehen mit der Angst schlafen, Staubsauger und Kühlschrank könnten sich über Nacht zusammenrotten, um die Wohnung in die Luft zu jagen. {Kommen Algorithmen ins Spiel, ist man sich nicht mehr so sicher.}

Ein Grund für unseren sorglosen Schlaf in nächster Nähe zu Haushaltsgeräten ist, dass wir so ungefähr wissen, was drin ist. Wir verstehen genug von Naturwissenschaften, um zu wissen, dass Staubsauger weder Pläne schmieden können noch eine nennenswerte Explosionskraft besitzen. Wir kennen ihre Grenzen.

Algorithmen sind besser als wir im Schach und auch im Kickern. {In Paderborn steht ein Roboterkicker, gegen den in der höchsten Stufe noch kein Mensch ein Tor geschossen hat.} Auf der anderen Seite tun sie sich schwer, Zahlen auf Fotos zu lesen oder aus dem Kontext zu schließen. {Und Roboterfußball ist wirklich jämmerlich.} Auch Algorithmen haben Grenzen. Sogar eine ganze Menge.

Die Grenzen der Algorithmen

Die erste Grenze verdeutlicht das Beispiel der 200 Brühwürfel: Algorithmen brauchen ein Bindeglied zur Realität, sie brauchen Eingabedaten und ein Modell oder zumindest ein Verständnis der Realität. Die Qualität jedes Algorithmus ist durch die Qualität dieses Bindeglieds beschränkt. Nur wer diese Grenzen kennt, kann einen Algorithmus sinnvoll verwenden. {Dantzig verbesserte mehrmals die Eingabedaten für seine Diät. Am Ende erstellte er aus den verschiedenen algorithmisch gefundenen Lösungen seinen eigenen Diätplan – und nahm ab.} Auch Algorithmen mit schwachem Bindeglied können einen Experten unterstützen. In der medizinischen Forschung können sie beispielsweise Anhaltspunkte geben, um eine große Zahl möglicher Laborversuche auf wenige aussichtsreiche zu reduzieren. Das Bindeglied dieser Algorithmen zur chemischen Realität ist aber zu schwach, um die Laborarbeit zu ersetzen.

Die fehlende Genauigkeit des Modells ist oft keine Nachlässigkeit, sondern notwendig. Algorithmen sind ein Werkzeug, um große Mengen zu durchforsten. Ihre Stärke ist, dass sie trotz der Größe noch funktionieren. Mit anderen Worten, sie sind ein Behelf, wenn es so groß wird, dass man nicht genauer hinschauen kann.

Eine weitere Grenze liegt in der Art algorithmischer Entscheidungen. Es sind keine Entscheidungen, wie sie aus einem gesellschaftlichen Diskurs erwachsen. Sie können es nicht sein, denn für eine gesellschaftliche Entscheidung kommt es nicht allein auf das Ergebnis an, sondern darauf, *wie* und *dass* die Gesellschaft sich für dieses Ergebnis entschieden hat. Algorithmen wie der Simplex können Detailentscheidungen treffen, um die Richtungsentscheidungen der Gesellschaft Wirklichkeit werden zu lassen. Sie sind Werkzeuge, um die Ziele umzusetzen, die von der Gesellschaft vorgegeben werden.

Die wichtigste Grenze der Algorithmen ist selbst ein zentraler Bestandteil des algorithmischen Denkens. Davon war schon mal die Rede. Das Wachstum der Rechnerleistung, das Mooresche Gesetz, stößt an physikalische Grenzen. Wie ist das mit dem algorithmischen Fortschritt? Kann der Simplex immer noch schneller werden? Ist es nur eine Frage der Zeit, bis Algorithmen alles berechnen können? Seit Beginn des 20. Jahrhunderts ist die algorithmische Forschung genau daran interessiert: zu verstehen, was nicht berechnet werden kann. Seit Mitte des Jahrhunderts hat sie sogar einen Begriff davon, was in keiner praktisch brauchbaren Zeitspanne berechnet werden kann. Moderne Algorithmik ist nicht denkbar ohne die Komplexitätstheorie. Diese Theorie handelt nicht primär von Algorithmen, sondern von den Problemen, die durch Algorithmen gelöst werden sollen. Sie fragt, wie viele Umstände es jedem Algorithmus macht, ein bestimmtes Problem zu lösen. {Man will sagen können: Einfacher geht es nicht.} Aber dazu später mehr.

Wir verlassen uns alltäglich auf diese Grenze, wenn wir zum Kauf einer Fahrkarte unsere Zahlungsdaten durch das Internet schicken. Wildfremde Menschen können die Nachricht mitlesen. Deshalb sind die Daten so verschlüsselt, dass es unmöglich ist, sie in der Nachricht zu erkennen – unmöglich, weil es jenseits einer algorithmischen Grenze liegt. Wir nutzen diese Grenze, und zugleich übersehen wir sie, wenn wir glauben, die wachsende Größe eines Systems sei mit genügend Fleiß und Sorgfalt beherrschbar. Für viele Systeme gilt: Schon eine kleine Vergrößerung katapultiert sie aus dem Bereich des praktisch Berechenbaren heraus. {Manches, was man für das Schweizer Bahnnetz exakt planen kann, ist für das deutsche schon unerreichbar.} Zu verstehen, dass unser Planet zu einem Planeten der Algorithmen angewachsen ist, heißt auch zu verstehen, dass die Komplexität eine greifbare Grenze im Alltag darstellt. Wer sich auf algorithmisches Denken einlässt, gewinnt ein neues Verständnis unseres Planeten.

Zu diesem Denken gehört das Bewusstsein für Komplexität anstelle des Glaubens, alles exakt herausfinden und perfekt planen zu können.

Natürlich ist jede Disziplin, in der Algorithmen bisher schlechter abschneiden als wir, eine Herausforderung, bessere Algorithmen zu entwickeln. Natürlich liegt in jeder Schwachstelle eines Modells die Aufgabe, ein besseres zu entwickeln. Und die Grenze der Komplexitätstheorie ist weniger eine Mauer als eine Schwerkraft. Man kann hüpfen, und wer trainiert, kann etwas höher hüpfen. Aber runter kommen sie alle. Die Grenzen der Algorithmen verschieben sich. Aber sie verschwinden nicht.

Biodiversität unter Algorithmen

Zurück zu den Haushaltsgeräten. Ein weiterer Grund für unsere Sorglosigkeit bei Haushaltsgeräten ist unsere Fähigkeit zu differenzieren. Ein Kühlschrank, wie er in den 1930er Jahren gebaut wurde, konnte sehr gefährlich werden. Das hat man geändert. Man hat gelernt, dass nicht alles, was irgendwie funktioniert, auch gleich in die Küche gestellt werden kann. {Man ging sogar so weit, die Idee atomgetriebener Staubsauger gänzlich zu verwerfen.} Nicht nur Experten haben gelernt zu unterscheiden. Die öffentliche Diskussion hat gelernt – und lernt immer noch – zu differenzieren. Salz ist eine Chemikalie, trotzdem darf sie – in Maßen – ins Essen. Bei Brom ist man strenger. Auch Algorithmus ist nicht gleich Algorithmus.

Zwischen Algorithmen gibt es himmelweite Unterschiede. Manche Algorithmen sind verlässlicher als Brückenpfeiler.

Andere gehören in die Kategorie von Haarwuchsshampoo. Beide haben ihre Berechtigung, aber den mehr oder weniger wirkungslosen Haarwuchsmitteln wird man nicht das Steuer seines Autos überlassen wollen. {Für Experten keine Neuigkeit.}

In einem Auto laufen schon heute eine Vielzahl von Algorithmen ab, und noch mehr sind an der Entwicklung und der Produktion eines Fahrzeugs beteiligt. Damit zum Beispiel ein Antiblockiersystem für die Bremsen funktioniert, müssen ein paar Berechnungen ausgeführt werden. Das machen Algorithmen auf dafür vorgesehenen Prozessoren. Andere Algorithmen steuern, welche Berechnungen zuerst durchgeführt werden, damit alle rechtzeitig fertig sind und das Auto planmäßig bremst. Man könnte sagen: Personalführung unter Algorithmen. Wieder andere Algorithmen berechnen schon während der Konstruktion des ABS, ob die verbauten Prozessoren und die benutzten Personalführungsalgorithmen in jedem Fall in der Lage sein werden, alle Berechnungen rechtzeitig abzuschließen.

So eine Personalführung gibt es auch auf den Computern, die wir alltäglich benutzen. Der sogenannte Multilevel-Feedback-Algorithmus verteilt die Arbeitszeit eines einzelnen Prozessors, so dass wir den Eindruck haben, unser Computer könne mehrere Anwendungen gleichzeitig ausführen. In Wahrheit hat er nur einen Prozessor, der abwechselnd mal dies und mal das tut. Für das Arbeiten auf einem Laptop ist der Multilevel-Feedback-Algorithmus hervorragend geeignet und wird deswegen von den gängigen Betriebssystemen verwendet. Für eine sicherheitskritische Anwendung wie ein ABS ist er viel zu kompliziert zu analysieren. Man kann sich einfach nicht sicher sein, dass immer alles rechtzeitig fertig wird. Stattdessen kommen dort sehr einfache Algorithmen zum Einsatz. Zum Beispiel eine Arbeitseinteilung, die jeder kennt: Tue immer zuerst das, was zuerst fertig sein muss.

Vor Kurzem gab es eine wesentliche Veränderung für die Personaleinsatzplaner der Algorithmen. Sie bekamen mehr als einen Mitarbeiter. Multicore-Chips ersetzten die Chips mit nur einem Rechenkern. Der Personalplanungsalgorithmus muss fortan nicht nur entscheiden, wann an welcher Aufgabe gearbeitet wird, sondern auch noch von wem. Das ist schon schwieriger. Vor allem ist es schwierig, während der Konstruktion zu entscheiden, ob in jedem Fall alle Berechnungen rechtzeitig fertig werden. Eine Zeit lang gab es dafür keinen geeigneten Algorithmus.

Für unsere Laptops mit Multicore-Chips ist das nicht schlimm. Schlimmstenfalls überlebt ein Moorhuhn, weil meine Eingabe zu langsam verarbeitet wurde. Aber in sicherheitskritischen Anwendungen verhinderte der Mangel an Analysealgorithmen den Einsatz von Multicore-Chips. In manchen Autos sind Multicore-Chips verbaut, bei denen alle Kerne bis auf einen abgeklemmt wurden – weil die Multicore-Chips billiger zu haben waren als Chips mit nur einem Rechenkern, aber man sich nicht sicher sein konnte, wie sich die Multicores verhalten. Je nachdem für welchen Zweck sie eingesetzt werden, verwendet man Personalführungsalgorithmen mit unterschiedlicher Verlässlichkeit, unterschiedlicher Kompliziertheit und unterschiedlichen Eigenschaften im Ergebnis. {In großen Rechenzentren, wie Amazon oder Google sie betreiben, gibt es auch solche Personalführungsalgorithmen, um die Rechenarbeit auf die Server zu verteilen. Da-

bei geht es vor allem um einen möglichst geringen Energieverbrauch. Kostet sonst zu viel.}

Experten kennen die Unterschiede zwischen Algorithmen.
Für sicherheitskritische Anwendungen gibt es Auflagen, die
nur Algorithmen vom Typ Brückenpfeiler zulassen. Auch wir
sollten diese Unterschiede kennen, denn es wird nicht an jeder Stelle Auflagen geben können, welche Algorithmen man
verwenden darf. Wer anstatt den Hausarzt zu fragen lieber
googelt oder bingt, sollte wissen, wie eine Suchmaschine
eigentlich arbeitet. Das ist kein Brückenpfeiler. Wir sollten
die Unterschiede kennen, um Hype und Hysterie gegen einen verantwortungsvollen Umgang zu tauschen.

Symbiosen von Algorithmen und Kriterien

Es ist auch hilfreich zu differenzieren, welche Fragen tatsächlich algorithmisch sind und welche Fragen unabhängig
von algorithmischer Detailkenntnis diskutiert werden können. Ein Beispiel dafür findet sich in der Archäologie. Ende
des 19. Jahrhunderts entdeckte Sir William Flinders Petrie in
Ägypten die Totenstadt von Naqada. Der Archäologe wollte mehrere Hundert Gräber anhand ihrer unterschiedlichen
Artefakte in eine zeitliche Ordnung bringen. Jede Art von
Grabbeigaben, so seine Annahme, war zu einer bestimmten
Zeit in Mode gekommen und zu einer bestimmten Zeit wieder verschwunden. Er stellte sich eine große Tabelle vor, in
der jedes Grab eine Spalte und jedes Merkmal der Beiga-
ben eine Zeile hatte. Kam ein Merkmal in einem Grab vor,
setzte man einen Stern an die entsprechende Stelle der Ta-

belle. Wenn die Gräber chronologisch von links nach rechts und die Merkmale nach der Mode von oben nach unten sortiert sind, sind alle Sterne in der Tabelle in einem schmalen Schlauch zu finden, der diagonal von links oben nach rechts unten verläuft. Um die richtige Chronologie der Moden und Gräber zu finden, musste er nur die Gräber und die Merkmale, also die Zeilen und Spalten der Tabelle, so lange umsortieren, bis alle Sterne in so einem schmalen Schlauch waren. {Und das für 900 Gräber.}

Das Umsortieren ist eine klar definierte algorithmische Aufgabe. Der erste exakte Algorithmus dafür wurde erst 1984 veröffentlicht. {Wie Flinders Petrie es geschafft hat? Ich denke, er hat sich viel Mühe gegeben.} Eine ganze andere und keinesfalls mathematische Frage ist, ob diese Sortierung zur korrekten Chronologie führt. Das zu beurteilen ist Sache der Archäologen, nicht der Algorithmiker.

Man nennt dieses Kriterium für die relative Chronologie Seriation. Es ist fester Bestandteil der Archäologie, auch wenn seit Mitte des 20. Jahrhunderts die Radiokarbonmethode für eine exakte Datierung zur Verfügung steht. Ob die Ergebnisse der Seriation verlässlich sind, hängt unter anderem davon ab, wie gut die Merkmale klassifiziert werden oder ob äußere Einflüsse die Chronologie durcheinanderbringen. Die Algorithmen zum Sortieren sind für den Wahrheitsgehalt der Chronologie technisches Detail – freilich ein Detail, das die Methode bei großen Datenmengen erheblich brauchbarer macht. Die entscheidende Diskussion geht also nicht um den mathematisch zu diskutierenden Algorithmus, sondern um das nicht-mathematische archäologische Kriterium.

Letztlich ist das Wort Algorithmus für die öffentliche Diskussion ungeeignet. Es bezeichnet eine zu breite Spanne an Verfahren. So wie das Verständnis für Algorithmen wächst, werden differenziertere Begriffe an seine Stelle treten. {Denkschriften über Maschinen so ganz im Allgemeinen sind auch irgendwann aus der Mode gekommen.}

Differenzieren zu können und Grenzen zu kennen, befreit von einer Menge Hype und Hysterie. Was bleibt, ist der Einfluss von Algorithmen auf Wissenschaft, Technik, Wirtschaft, Politik und Privatleben. Manche Algorithmen haben eine Bedeutung erreicht, die mit der von Gesetzen, Verwaltungsvorschriften, Verträgen und Institutionen verglichen werden kann. Diese Rolle werden sie nicht verlieren. Wie sie ihre Rolle ausfüllen, hängt davon ab, wer sie versteht und gestaltet. So können Algorithmen eine Gefahr für die Privatsphäre sein – oder sie können Privatheit gewährleisten, ohne dass wir einen Totalverzicht auf die Vorteile des Informationszeitalters leisten müssen.

Algorithmen und das menschliche Denken oder: Die Gefahren der Reise

Algorithmen scheinen derzeit ein wichtiges Phänomen zu sein. In Ordnung. Reicht es nicht, dass Experten ein paar gute Ratschläge verteilen? Musst du dich deshalb selbst auf das Denken dahinter einlassen? Auf ein Denken, das auf hoch entwickelte Gleichmacherei abzielt, auf Unterordnung des Einzelnen in einem System und auf Entäußerung menschlichen Denkens an abgekartete Prozesse? Willst du dir das wirklich antun?

Mit allem, was man lernt, verlernt man auch etwas. Mit jedem Wissen, das man gewinnt, verliert man zumindest Naivität. Genetik und moderne Physik sind Beispiele, wie der Kontakt mit wissenschaftlichen Denkweisen – und ihren populärwissenschaftlichen Ablegern – unser Weltbild herausfordern kann. Beim algorithmischen Denken ist es noch schlimmer. Es verändert nicht nur, was wir denken, sondern wie wir denken. Plötzlich sehen wir nicht nur anderes in der Welt. Wir denken mit anderen Methoden und Kriterien über diese Welt nach. Sich auf Denkweisen einzulassen, verändert uns. Es verändert den Einzelnen und die Gesellschaft im Ganzen. Schon die Produkte des algorithmischen Denkens lassen unsere alltägliche Klugheit verkümmern. Bei einer Umfrage in Großbritannien gab ein Drittel der Befragten an, den Weg mithilfe einer Karte nicht finden zu können. {Zugegeben, selbst zu kochen trauten sich in einer anderen Umfrage noch weniger Menschen zu.}

Die Verbreitung von algorithmischen Lösungen lässt unsere eigenen Fähigkeiten verkümmern. Der Buchdruck hat sich verheerend auf die Erinnerungskunst ausgewirkt. Immerhin konnten wir vor Kurzem noch ein paar Telefonnummern auswendig – bis die Telefone das für uns übernahmen. Heute kann kaum jemand mit einem Telefonbuch umgehen! Blätterte man früher 1000-seitige Telefonbücher von vorn bis hinten durch, weil sie keine Suchfunktion hatten? Natürlich nicht. Man beherrschte das Alphabet. {Immer hilfreich.}

Manche Telefonbücher hatten am Schnitt Markierungen, um sofort zu den Seiten mit dem gesuchten Anfangsbuchstaben zu greifen. Auch ohne solche Markierungen ist ein Telefonbuch mit 1000 Seiten eine Sache von ein paar

Handgriffen. Angenommen, man sucht »Stiller«. Dann schlägt man das Telefonbuch grob in der Mitte auf und findet: massenweise »Müller«. Also ist der gesuchte Name weiter rechts und man kann die gesamte linke Hälfte des Telefonbuchs nach einem Handgriff abhaken. {Die Sache mit dem Alphabet.}

Jetzt nimmt man sich die rechte Hälfte mit ihren etwa 500 Seiten vor und schlägt sie wieder in der Mitte auf. Vielleicht ist man dann zufällig schon bei »S«, aber egal, wo man genau ist, die präzise Kenntnis des Alphabets erlaubt es einem zu ermitteln, ob man rechts oder links weitersuchen muss. Und schon hat man nur noch 250 Seiten zu durchsuchen. Nach fünf, sechs Handgriffen bleiben so von den 1000 Seiten nur ein Dutzend in der Hand. {Die blättert man besser einzeln durch, weil das Papier so dünn ist.} Im Prinzip könnte man so weitermachen: In der Mitte nachsehen, und dann entscheiden, welche Hälfte wegkann und in welcher man weitersucht. Ist man auf der richtigen Seite angelangt, geht man genauso vor: In der Mitte des Blatts nachsehen und entscheiden, ob man die vordere oder die hintere Hälfte weiter betrachten muss. Von den vielleicht 1000 Einträgen auf einer Seite hat man am Ende kaum ein Dutzend angesehen, bis man bei »Stiller« landet.

Das Beste an dem Verfahren: Für ein doppelt so großes Telefonbuch braucht man nur einen Handgriff mehr. So einfach geht das. Wenn man das Alphabet beherrscht – und wenn man den richtigen Algorithmus verwendet. Denn genau das ist dieses Verfahren: ein astreiner Algorithmus.

Ein Algorithmus, den jeder intuitiv verwendet: Zunächst grob die richtige Gegend finden und dann Schritt für Schritt verfeinern. Die wenigsten werden den Algorithmus beim Telefonbuch präzise durchführen. Man sucht zum Beispiel gleich eher hinten, wenn man »Stiller« finden will. Die Idee, zuerst grob und dann immer feiner zu suchen, bleibt jedoch erhalten. Es ist eine Idee alltäglicher Klugheit. {Wer sie nicht nutzt, ist einfach umständlich.} Algorithmisch zu denken, ist Teil des Menschseins. Wir müssen nicht zum Planeten der Algorithmen reisen. Wir sind auf ihm zu Hause. Wir waren es schon immer.

Ein Dünger namens Logarithmus

Der Schritt von der alltäglichen Klugheit zum algorithmischen Denken besteht darin, solchen Ideen Beachtung zu schenken und sie zu kultivieren. Ist die Idee wirklich klug? Bringt sie überhaupt etwas, und wenn ja, warum? In der unscheinbaren Idee, mit der man im Telefonbuch sucht, findet sich ein äußerst kraftvolles algorithmisches Prinzip.

Schauen wir uns das Telefonbuchprinzip etwas genauer an. Man nennt es Binäre Suche – Zweier-Suche –, weil man immer zwischen zwei Möglichkeiten entscheiden muss: links weitersuchen oder rechts weitersuchen. Das ist wie ein Baum, der durch die riesige Menge an Telefonbucheinträgen wächst. Der erste Schritt des Algorithmus – wenn wir das Telefonbuch zur Hand nehmen – ist der Stamm dieses Baums. Aus dem Stamm wachsen zwei dicke Äste. Die tiefste Astgabel entspricht unserer ersten Entscheidungsfrage: Steht die gesuchte Telefonnummer in der linke Hälfte oder in der rechten Hälfte? Je nachdem, wie die Antwort auf diese Frage lautet, entscheiden wir uns, entweder links oder rechts weiterzusuchen, also über den linken oder den rechten dicken Ast den Baum emporzusteigen. Auf jedem Ast, also für jede Entscheidung, ergibt sich erneut die Möglichkeit, rechts oder links weiterzusuchen: Jeder der beiden dicken Äste verzweigt sich in zwei dünnere Äste. Von denen gibt es dann schon vier. Und so geht es weiter. Aus Ästen wachsen dünnere Äste und schließlich Zweige, bis am Ende jeder dünnste Zweig zwei Blätter hat, eins links, eins rechts – unsere letzte Entscheidung. Auf jedem Blatt steht eine Telefonnummer.

Es ist ein Entscheidungsbaum. Entscheidungsbäume sind immer gut, um sich einen Algorithmus vorzustellen. Die Suche mit dem Telefonbuchalgorithmus nach einem einzelnen Namen entspricht dem Weg vom Stamm zu dem einen Blatt, auf dem der Name steht. Der Baum als Ganzes enthält die Abläufe der binären Suchen nach allen Namen im Telefonbuch. Ein Entscheidungsbaum stellt alle Möglichkeiten dar, wie der Algorithmus verlaufen kann.

Der Baum der binären Suche hat Abertausende Blätter. Trotzdem gelangen wir nach nur wenigen Verzweigungen vom Stamm aus bis zu dem Blatt, nach dem wir gesucht haben. In einem Telefonbuch mit einer Million Einträgen müssen wir an 20 Astgabeln rechts oder links gehen, 20-mal entscheiden, weiter vorne oder weiter hinten im Buch zu suchen, bis wir genau auf dem Blatt des gesuchten Eintrags ankommen. Bei einem Telefonbuch mit einer Milliarde Einträgen müssten wir 30 Astgabeln hochklettern. Mit 10 weiteren Astgabeln kann das Buch 1000-mal mehr Einträge haben. Die Anzahl der Verzweigungen, die man von Stamm zu Blatt durchläuft, wächst äußerst langsam im Verhältnis zur Dicke des Telefonbuchs. Darin liegt die Kraft der binären Suche.

Mathematisch ausgedrückt ist die Anzahl der Verzweigungen vom Stamm bis zu einem Blatt der Logarithmus der Anzahl der Blätter. Genauer der Logarithmus zur Basis zwei – Basis zwei, weil sich jeder Ast in zwei dünnere Äste teilt. {Ich habe den Logarithmus in der Schule kennengelernt und in Ermangelung einer Anwendung schnell wieder vergessen. Für alle, denen es genauso geht: Logarithmus von irgendeiner Zahl zur Basis zwei ist die Antwort auf die Frage: Zwei hoch was ergibt diese Zahl?} Für das Verständnis von Algorithmen ist der Logarithmus unerlässlich. Der Logarithmus gibt den besten Dünger für Algorithmen.

Für eine Telefonliste mit fünf Einträgen braucht man keinen Algorithmus. Algorithmen lohnen sich erst, wenn es um große Mengen geht. Wann immer es gelingt, eine große Menge mit wenigen Schritten abzugrasen, wann immer man eine große Anzahl auf ihren Logarithmus reduzieren kann, hat man den Dünger für einen Algorithmus gefunden. Die Tricks, um etwas mit nur logarithmisch vielen Schritten abzugrasen, sind so vielfältig wie das, was man abgrasen will, und selten so einfach wie bei der binären Suche.

Es muss nicht immer der Logarithmus zur Basis zwei sein. Jeder kennt einen Entscheidungsbaum, bei dem jeweils zehn Zweige aus einem Ast sprießen: Was ist 1948 plus 2015? Vor ein paar Wochen hätte meine fünfjährige Tochter das so gerechnet: 2015 plus 1948, 2016 plus 1947, 2017 plus 1946 … 3962 plus 1, 3963 plus 0 – mit nur 1948-mal bei 2015 plus 1 und bei 1948 minus 1 rechnen wäre sie auf 3963 gekommen. {Falls ich mich nicht verrechnet habe, was wahrscheinlich, aber unwesentlich ist. Vaterstolz, dass sie dabei 2015 plus 1948 rechnet und nicht umgekehrt. In Wahrheit hätte sie natürlich gar nicht gerechnet, weil die Zahlen zu groß sind.} In einigen Monaten, hoffe ich, bringt man ihr in der Schule einen Algorithmus bei, mit dem man 1948 plus 2015 in vier Schritten ausrechnen kann. Der funktioniert wie beim Zusammenrechnen auf dem Bierdeckel in der Kneipe. Zuerst schreibt man die Zahlen untereinander, und dann kann es losgehen. Erster Schritt, um die Einser zusammenzuzählen, zweiter Schritt für die Zehner, dritter Schritt für die Hunderter und vierter Schritt für die Tausender.

Wenn man Tausenderzahlen addiert, braucht man vier Schritte. Für Zehntausenderzahlen fünf Schritte, für Millionenbeträge bräuchte man sieben Schritte. {Das macht man aber nicht auf Bierdeckeln.} Die Zahlen werden rasant größer, aber die Anzahl der Schritte wächst nur langsam. Für einen Schritt mehr darf die Zahl gleich eine ganze Stelle mehr haben, also rund zehnmal größer sein. Die Anzahl der Rechenschritte beim Addieren liegt in der Größenordnung des Logarithmus der Zahlen, die wir addieren – des Logarithmus zur Basis Zehn, weil wir im Zehnersystem Zahlen schreiben. {Die einfachste Art, den Logarithmus einer Zahl zu nutzen, ist, sie zu schreiben. Um eine riesige Zahl zu schreiben, brauchen wir nur Logarithmus-von-riesig-viele Stellen. Ohne diesen Trick müsste man für die Fünf fünf Kringel malen, für die Tausend 1000 Kringel, und für ein Finanzamt wäre kein Bauplatz zu finden.}

In der Bibliothek

In der alltäglichen Klugheit stecken mehr Algorithmen, als wir denken. Wozu dann der Aufriss mit den Algorithmen, wenn wir es bei der alltäglichen Klugheit belassen können? Die alltägliche Klugheit ist manchmal doch umständlich. Nehmen wir noch einmal das Telefonbuch zur Hand. Die binäre Suche funktioniert nur, weil die Einträge im Telefonbuch sortiert sind. Wer meine Telefonnummer in einem unsortierten Haufen Visitenkarten sucht, muss sich im schlimmsten Fall bis zur letzten durchwühlen. Wenn Daten in einer Form vorliegen, die für einen Algorithmus praktisch ist, nennt man das eine Datenstruktur. {Die Datenstruktur ist sozusagen die unbekannte Schwester des Algorithmus.}

Die Kombinationen aus Name und Nummer liegen im Telefonbuch alphabetisch sortiert vor. Deshalb funktioniert der Algorithmus »Binäre Suche«. Die netten Leute vom Telefonbuchverlag haben alles für uns sortiert. Aber wie sortiert man ein Telefonbuch? Gleiches Problem, andere Frage: Wie sortierst du deine Bücherwand, wenn die Freunde beim Umzug nett, aber chaotisch waren? Wie sortiert die alltägliche Klugheit eine Bücherwand?

Wie wäre es hiermit: Am Anfang stehen alle Bücher auf dem Boden vor dem Regal. Du suchst das Buch, das am weitesten nach links oben ins Regal muss, sozusagen das »erste« Buch. Du stellst es ins Regal und suchst wieder das »erste« Buch unter denen, die noch auf dem Boden stehen. Und so weiter. Für jedes Buch musst du einmal alle aktuell am Boden verbliebenen Bücher nach dem »ersten« absuchen.

Um einmal das aktuell erste Buch zu finden, musst du alle Bücher einmal anschauen. Zum Sortieren musst du also für jedes Buch, das du einräumst, alle verbliebenen Bücher einmal anschauen. Bei 500 Büchern sind es für das erste Buch 499 Vergleiche, für das zweite 498 … zusammen 250 mal 500 Vergleiche, so grob. Sagen wir gleich 500 mal 500, eine Viertelmillion. {Dass es am Ende nur halb so viele sind, rettet auch nicht vor dem Wahnsinn.}

Vielleicht machst du es lieber so: Erstmal alle Bücher einstellen – egal wie – und dann von hinten anfangen und immer tauschen, wenn zwei Bücher in der falschen Reihenfolge stehen. Dann muss man durch alle 500 Bücher nur einmal durch. Kannst du machen, aber damit ist noch nichts sortiert. Du musst noch ein zweites Mal von hinten durchgehen und nochmal und nochmal. Insgesamt 500-mal, so grob. Die Bücher blubbern dabei im Regal nach oben, wie Sprudelbläschen in der Brause. Deshalb heißt das Verfahren Bubble Sort. Der Aufwand von Bubble Sort bei 500 Büchern ist auch etwa 500 mal 500.

Es gibt viele Sortieralgorithmen. Manche sind geschickt, manche sind umständlich. Die beiden da oben gehören zu den umständlichen. {Die alltägliche Klugheit räumt wohl nicht gern auf.} Ein sehr gutes Verfahren geht so: Du fängst irgendwo an und schaust dir nur die Bücher mit »A« an, bis du eines über Algorithmen gefunden hast. Dann liest du das Buch, bis ziemlich zu Beginn erklärt wird, wie man schnell sortiert. {Wenn du 500 Bücher sortieren willst, ist erst Buch lesen und dann richtig sortieren immer noch schneller als Bubble Sort.}

Hier ist eines der geschickten Sortierverfahren: Mal ange-

Immer wieder von hinten nach vorne durchgehen, dann tauschen (Bubble Sort). Oder zwei in sich schon sortierte Teile zusammenfügen (Merge Sort).

nommen, du ziehst nicht nur um, sondern du ziehst mit jemandem zusammen. Jeder von euch bringt ungefähr gleich viele Bücher mit in die Beziehung. Zusammen 500. Beide haben ihren Teil der Bücher fein säuberlich nach Titel sortiert auf dem Fußboden vor der Bücherwand aufgereiht. Wie fügt man zwei sortierte Hälften zusammen?

Du nimmst das erste Buch von deiner Seite, sagen wir »Aachen. Ein Reiseführer«, und das erste Buch von der anderen Seite, sagen wir »Asterix als Gladiator«, und vergleichst, welches weiter nach links gehört: in diesem Fall »Aachen. Ein Reiseführer«. Das Buch kommt ganz links oben in die Bücherwand. Es steht dort sicher richtig, denn es ist das erste auf deinem Stapel und es muss vor »Asterix als Gladiator« stehen – und damit auch vor allen anderen Büchern aus der Sammlung deines neuen Mitbewohners. Wo »Asterix als Gladiator« hingehört, wissen wir noch nicht. Es kommt erst einmal wieder oben auf seinen Stapel.

Dann machst du das Gleiche noch mal. Von jeder Seite das erste Buch: Von der einen Seite ist das jetzt »Aachen. Noch ein Reiseführer« und auf der anderen Seite immer noch »Asterix als Gladiator«. Der zweite Reiseführer kommt ins Regal, Asterix noch mal zurück auf seinen Stapel. Vielleicht hat er beim dritten Mal Glück. Und so geht es weiter. Wenn irgendwann ein Stapel endet, kann der Rest des anderen, sortiert, wie er ist, hinten ins Regal wandern. {Klingt nicht gerade tiefsinnig. Ist es auch nicht.}

Fast alle Algorithmen sind einfach. Die Frage ist, welcher von den einfachen Algorithmen gut funktioniert. Wie viel Arbeit macht es, die beiden Büchersammlungen zusammenzuführen? Für jeden Stellplatz im Regal musstest du maximal einen Vergleich durchführen, also bei 500 Büchern höchstens 500 Vergleiche. {Billiger geht es wohl nicht.}

Zwei in sich schon sortierte Teile zusammenzufügen ist also nicht schwierig. Bleibt die Frage, wie wir zu zwei sortierten Teilen kommen. Das Zauberwort heißt: Delegieren. Wer nicht zusammenzieht, sondern eine ganze Bibliothek von Grund auf sortieren muss, teilt die Bücher zuerst in zwei möglichst gleich große Hälften. Dann bittet er die nachgeordnete Hierarchieebene, beide Hälften zu sortieren. {Nicht im Ganzen – das ist schließlich Chefsache –, nur jede Hälfte für sich.}

Die nachgeordnete Hierarchieebene macht es dann wie

der Chef: Halbieren und delegieren. Hat die nächsttiefere Ebene ihren Arbeitsauftrag irgendwie erfüllt, muss man nur noch – wie beim Zusammenziehen – zwei sortierte Viertel zu einer sortierten Hälfte zusammenfügen. Hat die erste Hälfte – wenn man nicht ganz sauber halbiert – etwa 244 Bücher, muss man schlimmstenfalls 244 Vergleiche durchführen. Die zweite Hälfte hat dann 256 Bücher und braucht 256 Vergleiche. Insgesamt vergleicht die zweite Hierarchieebene also auch höchstens 500-mal. Genau wie die erste. Und der dritten und der vierten und der fünften Hierarchieebene ergeht es nicht anders. {Klingt gut, verschiebt aber das Problem doch immer nur nach unten, oder?}

Wie viele Hierarchieebenen braucht man? Wenn man 500 Bücher jeweils so sauber wie möglich in zwei gleich große Bücherstapel aufteilt, bestehen diese Stapel in der neunten Hierarchieebene entweder aus zwei oder aus einem Buch, weil neunmal hintereinander zwei mal zwei mal zwei …, also zwei hoch neun, schon 512 ergibt. Neun zur Basis zwei ist in etwa der Logarithmus von 500. {Da ist er wieder, der Logarithmus.} Mit anderen Worten, für 500 Bücher brauchen wir neun Hierarchieebenen. Jede vergleicht 500-mal, macht etwa 4500 Vergleiche. Das ist deutlich weniger als eine Viertelmillion. Wenn man für jeden Vergleich und das Einstellen eines Buches fünf Sekunden braucht, dauert die Sache mit dem Hierarchietrick sechseinhalb Stunden. Mit den vorherigen Ansätzen dauert es 14 Tage und Nächte. Den »Hierachietrick« nennt man übrigens Merge Sort, von Englisch »mergen«, zusammenführen. {Klingt ein bisschen nach Big Business, geht aber auch für den Hausgebrauch.}

Algorithmisch zu denken ist Teil des menschlichen Denkens. Es geht darum, diese Anlage zu kultivieren. Sich seiner Fähigkeiten bewusst zu werden, um sie zu kultivieren, liegt in der Natur des Menschen.

Wer will schon Bücher sortieren ...

Barack Obamas erster Wahlkampf hatte neben Berlin eine weitere denkwürdige Station: Google. Er ließ sich vor einem riesigen Auditorium von Google-Mitarbeitern interviewen. Der Kandidat und der Interviewer, einer der Großen bei Google, genossen sichtlich den gemeinsamen Auftritt. Einen Wahlkampf, sagte der Interviewer, stelle er sich wie ein Bewerbungsgespräch vor. Wahrscheinlich eine schwierige Bewerbung, aber auch Bewerbungen bei Google seien schwierig. Und dann stellte er Obama eine typische Frage, wie man sie einem Bewerber bei Google stellen würde: Wie kann man eine Million ganze Zahlen einer bestimmten Länge am besten sortieren? Das Publikum war begeistert. Dann antwortet Obama: »Lassen Sie mich nur eines sagen: Bubble Sort ist ein Schritt in die falsche Richtung!« Die Halle tobte. Der Interviewer gab sich überrascht. Obamas Lebenslauf sei ja beeindruckend – er hat an der Columbia University und in Harvard studiert –, aber Informatik habe er dort nirgends entdeckt. {Darauf sagte Obama diesen einen Satz, der heute völlig anders klingt: »Wir haben unsere Spione hier.«}

Es ist bemerkenswert, wie selbstverständlich man den ersten Teil des Interviews hinnimmt. Natürlich hätte Obama sich auch eine positive Antwort auf die Frage nach dem Sortieren stecken lassen können. Stattdessen spielte er augenzwinkernd mit dem kleinen Einmaleins des Wahlkampfs: Lieber offensichtlich Falsches verurteilen, als sich auf irgendetwas festzulegen. Eine ernsthafte Antwort auf die Frage hätte man von einem Präsidentschaftskandidaten nicht erwartet – man hätte sie ihm noch nicht einmal abgenommen.

Es kommt uns nicht in den Sinn, dass jemand wie Obama tatsächlich etwas zu einer algorithmischen Grundfrage sagen kann. Aber weshalb sollte er das nicht? War das mit dem Sortieren denn so schwierig? Wieso erwarten wir nicht, dass Absolventen der besten Universitäten der Welt, dass Spitzenpolitiker der informationstechnisch führenden Nationen, dass Journalisten, Richter, Volksvertreter und andere Entschei-

Zu Semesterbeginn in Harvard.

dungsträger, von deren Urteilskraft der weltweite Umgang mit Daten beeinflusst wird – dass diese Menschen zumindest wissen, wie man ein Bücherregal sortiert? {Harvard gibt jedem Studenten gleich welcher Fachrichtung einen Schreibkurs. Eine nachahmenswerte Idee. Wie wäre es, wenn alle mal zusammen die Bibliothek aufräumten?}

2. Was ist das überhaupt: Ein Algorithmus?

Kleine Schritte, große Vielfalt

Klarheit und Intuition

»Algorithmus« ist ein Modewort. Es steht für »irgendetwas mit Computern«. Im Talkshow-Vokabular ersetzt es heute das, was in den 1980ern »Computerprogramm« hieß. Der Algorithmus dient als Leerstelle für alles, was man nicht so genau verstanden hat. {Ähnlich umschwärmt ist wohl nur der traditionelle Liebling der Populärwissenschaft, die Formel.} Der Algorithmus wirkt jedoch aktiver und bedrohlicher, deutet ein dunkles Geschehen an, das sich uns entzieht, weil wir nicht eingeweiht sind, nicht genug Fachwissen haben oder nicht so denken wie diejenigen, die mit Algorithmen arbeiten.

Was bedeutet Algorithmus? Das Wort »Algorithmus« klingt, als könne man sich die Bedeutung aus dem eigenen Restgriechisch erschließen. Aber leider fehlt ihm zum Rhythmus ein »h«. Es ist auch nicht die anorganische Form von Biorhythmus. Es ist ein Kunstwort im Anklang an al-Chwarizmi, einen persischen Gelehrten und Mathematiker des 9. Jahrhunderts. Al-Chwarizmi haben wir im Westen die Null zu verdanken. {Und damit unendlich viel.} Er hat auch einige besonders schöne Algorithmen entworfen. Für die Frage, was ein Algorithmus ist, hilft das aber nicht weiter.

Wir müssen uns nicht an Talkshowphrasen und Etymologie halten. Wir befinden uns auf dem Planeten der Algorithmen. Gehen wir los, fragen wir die Einheimischen, was ein Algorithmus ist, fragen wir die, die täglich damit arbeiten. Es sind formalwissenschaftlich geschulte Menschen. Wir dürfen auf eine saubere Definition als Antwort hoffen.

Ein deutschsprachiges Standardwerk der Algorithmik, der »Ottmann-Widmayer«, beantwortet die Frage »Was ist ein Algorithmus?« so:

Dies ist eine eher philosophische Frage, auf die wir in diesem Buch keine Antwort geben werden. Glücklicherweise ist das auch gar nicht nötig.

Wir fragen nach der einen wesentlichen Definition, aber Thomas Ottmann und Peter Widmayer geben uns zahlreiche einzelne Beispiele. Sie sind damit nicht allein. {Andere Fachautoren sprechen es nicht so deutlich aus, drücken sich aber auch um eine klare Definition ihres Gegenstandes.}

Wer erklären will, was ein Algorithmus ist, beginnt meist mit unserer Intuition. Daran ist nichts verwerflich. Am Anfang der Formalwissenschaften steht immer die Intuition. {Schon mal eine Definition für die natürlichen Zahlen gesehen, also für 1, 2, 3 ...? Zum Beispiel diese: 1 ist die Menge, welche die Leere Menge enthält, die 2 die Menge, welche die Leere Menge und die 1 enthält, und so weiter. Genial – hilft aber den wenigsten beim Rechnenlernen.} Grundlegende formale Definitionen werden in der Regel spät gefunden und erst dann geklärt und festgezurrt, wenn das formalwissenschaftliche Forschungsfeld – geleitet von der Intuition – schon gewachsen ist.

Definitionen sind nichts für Anfänger. Sie brauchen Zeit. {Das erwähnte Lehrbuch hat über 600 Seiten. Wäre das nicht genug Zeit gewesen?} Gibt es nun eine Definition für den Begriff des Algorithmus, ja oder nein? Die Antwort lautet: einmal Ja und zweimal Nein. Alle drei Antworten sind Meilensteine der Geistesgeschichte des 20. Jahrhunderts. {Und wenn heute einer in abgelatschten Sneakern daherkommt und eines der Neins in ein Ja verwandelt, kann er ebenso gut mit den Sneakern über Wasser laufen.}

Schritt für Schritt

Stellen wir die formale Definition zurück und halten uns an die Intuition. Christos Papadimitriou gibt in einem seiner Bücher eine intuitive Definition. {Christos Papadimitriou hat schon überall gelehrt: MIT, Harvard, TU Athen, Berkeley. Ein Star mit Überblick, Genie und einem Auftreten irgendwo zwischen Luciano Pavarotti und Hulk Hogan. Einer, der die Dinge auf den Punkt bringt.} Hier ist seine Definition für Algorithmus:

An algorithm is a detailed step-by-step method for solving a problem.

Genau. {War doch gar nicht schwierig.} So oder ähnlich klingt es bei vielen: Ein Algorithmus ist ein klarer Plan aus kleinsten Schritten, um ein großes Ziel zu erreichen. Manche nennen es Methode, andere Plan, Regelwerk, Vorschrift, Abfolge oder Handlungsanweisung. In jedem Fall besteht der Algorithmus aus einzelnen, glasklaren Schritten. {Auch wenn man sie nicht glasklar nennt, weil das zu wenig formal klingt für eine intuitive Definition.}

In einem Algorithmus wird das Lösen eines Problems auf kleine Schritte heruntergebrochen. Fast alle Fachautoren unterstreichen das. Dafür gibt es zwei Gründe. Erstens könnte man sonst das ganze Problem in einem einzigen Schritt verstecken. {Ein Algorithmus, um eine Bibliothek zu sortieren, sollte nicht lauten: Erstens, sortiere alle Bücher. Zweitens, fertig!} Der zweite Grund für die Obsession mit den kleinen Schritten liegt in der Familie. Die Theorie der Algorithmen entstammt der gleichen Ideenfamilie wie die Bemühungen um die Grundlagen der Arithmetik, allgemeiner die Grundlagen der Mathematik, Ende des 19. und zu Beginn des 20. Jahrhunderts. Dabei geht es darum, jenen Teil des Selbstverständnisses der Mathematik einzulösen, nach dem diese aus elementaren und formalisierbaren Schlussfolgerungen aufgebaut werden kann.

Auch ein Algorithmus setzt sich aus elementaren Operationen zusammen. In der Praxis findet man Algorithmen selten in dieser elementarisierten Form beschrieben. Es reicht, dass jeder Schritt eines Algorithmus selbst wieder vollständig algorithmisch verstanden ist. Zum Beispiel enthalten viele Algorithmen den Schritt »sortiere irgendetwas«. Kein Fachautor würde dort explizit einen Sortieralgorithmus angeben. Aber letztlich lassen sich alle Schritte in elementare Operationen aufdröseln.

Ein beliebter Vergleich ist, dass Algorithmen wie Kochrezepte sind. Er ist erstens griffig, und zweitens erklärt er einen der Hauptkritikpunkte an diesen Kochrezepten: Sie füttern uns mit einem faden Einheitsbrei. Drittens ist er falsch. Ein Kochrezept ist so wenig ein Algorithmus, wie eine Wegbeschreibung ein Navigationssystem ist. Kochrezepte sind detailliert ausgearbeitete Vorschriften, um in jedem Fall das Gleiche zu tun. {Wäre das die Pointe der Algorithmen, dann würden sie weder eine so große Rolle spielen noch die Menschen begeistern können, die heute über Algorithmen forschen.} Der Vergleich mit dem Kochrezept verpasst etwas Wesentliches an den Algorithmen und verkehrt es ins Gegenteil. Nehmen wir nochmal Papadimitrious Zitat, das oben verkürzt wiedergegeben wurde. Es lautet:

An algorithm is a detailed step-by-step method for solving a problem. But what is a problem? We introduce in this chapter three important examples.

Papadimitrious intuitive Definition funktioniert genauso wie die verweigerte Definition von Ottmann und Widmayer. Am Ende sagen beide: »Wir machen lieber Beispiele.« Aber warum? Papadimitrious Definition scheint doch absolut brauchbar. Die Schwierigkeit besteht darin, dass das Wort »Problem« schlecht gewählt ist. Man meint damit immer einen Typ von Problemen, eine Problemklasse. Im kleinen Pfadfinderhandbuch der Komplexitätstheorie, dem »Garey-Johnson«, steht eine ordentliche intuitive Definition für Algorithmen:

Algorithms are general, step-by-step methods for solving problems.

Der kleine Zusatz »general« soll aus Problemen Problemklassen machen. Ist das nicht genau das, was mit dem Kochrezept gemeint ist – dass man für eine ganze Klasse von Problemen immer das Gleiche tut? {Wiener Schnitzel: Platt klopfen, panieren, braten.} Nein, es meint gerade das Gegenteil. Dafür probieren wir selbst ein Beispiel aus.

Wege durchs Labyrinth

Gegen Ende von Umberto Ecos »Der Name der Rose« haben sich zwei Mönche in der Bibliothek eines von fantastisch vielen Wegen durchzogenen Gebäudes verirrt. {Wenn schon Beispiele, dann von jemandem, der erzählen kann.} Sich in ihr zu verirren ist das Bauprinzip dieser mittelalterlichen Bibliothek: Sie ist ein Labyrinth. {Der Roman spielt im 14. Jahrhundert, das erklärt das Mittelalterliche.} Als sich William von Baskerville und sein Schüler in der Bibliothek verirrt haben, bricht ein Feuer aus. Die beiden müssen raus. Anstatt zu rennen, fängt William an nachzudenken. Er versucht, sich daran zu erinnern, wie man aus einem Labyrinth entkommt. Was William sucht, bevor er den Weg sucht, ist ein Algorithmus, um den Weg zu finden.

Es gibt eine ganze Reihe von Verfahren, um aus einem Labyrinth herauszufinden. Zum Beispiel ähnlich, wie man aus einem stockdunklen Zimmer entkommen kann: Man tastet nach einer Wand und legt die rechte Hand daran. Dann läuft man vorwärts, ohne jemals die Hand von der Wand zu nehmen, bis man die Tür spürt. Das funktioniert nicht nur in Zimmern, sondern in jedem Labyrinth, das in nur einer Ebene steht und in dem alle Innenwände mit der Außenwand verbunden sind. {Alle Innenwände mit der Außenwand verbunden? Ja klar: Wer die Hand an eine Säule legt, kann lange laufen, ohne die Tür zu finden. Diese Bedingung ist für diesen einfachen Algorithmus notwendig. Jetzt ist die große Frage: Geht das auch mit der linken Hand?}

In Ecos Bibliothek gibt es sicher Säulen und mehrere Ebenen. Die Rechte-Hand-Regel greift also nicht. Dafür ist es

Irrer Ausweg: Die rechte Hand an die Wand des Labyrinths legen und immer weiter gehen.

nicht stockdunkel, man kann Markierungen anbringen. Je nachdem, welche Struktureigenschaften das Labyrinth hat, in welcher Form Information zugänglich ist und wie diese Information bearbeitet werden kann – wie beispielsweise im Roman durch Markieren der Wände –, stellen Labyrinthe ganz unterschiedliche Probleme dar und verlangen nach unterschiedlichen Lösungsverfahren. {Was in jedem Labyrinth und für Staubsaugerroboter leidlich gut geht, ist zufällig herumzulaufen.}

Ein Labyrinth wie die Bibliothek im Roman besteht aus Gängen und Knotenpunkten, an denen sich diese Gänge treffen. Es ist ein Netz oder Netzwerk. Die mathematische Grundstruktur eines Netzwerks nennt man einen Graphen. Ein Graph besteht schlicht aus einer Menge von irgendetwas, Knoten genannt, und einer Menge von Verbindungen zwischen jeweils zwei solchen Knoten. {Das war es schon.} So stellen wir uns das Labyrinth vor: Knoten und Gänge, die sie verbinden.

Der Algorithmus, um aus dem Labyrinth zu entkommen, ist in Ecos Roman nur schemenhaft beschrieben. Es hat den Anschein, William erinnere sich an etwas, das rund vier Jahrhunderte später entwickelt und diskutiert werden würde: Es sind Verfahren, um sich in einem Labyrinth zu orientieren, indem man Markierungen an den Wänden anbringt. Eine Graphensuche, spezieller: die Tiefensuche.

Ohne uns genauer anzuschauen, wie das funktioniert: Was bringt das? Die Tiefensuche stellt sicher, dass man jeden Gang im Labyrinth höchstens zweimal und mindestens einmal besucht. Das beinhaltet, dass man den Ausgang mindestens einmal besucht. {Angesichts des Feuers wohl auch nicht öfter.} Und zwar spätestens nachdem man alle anderen Teile des Labyrinths höchstens zweimal besucht hat. Wirklich hervorragende Eigenschaften für einen Algorithmus.

Jeder Teil des Labyrinths muss nur zweimal besucht werden, bevor man rauskommt. Der Gang, an dem der Ausgang liegt, muss sogar nur einmal besucht werden. Und so nett weltfremd formuliert: »besuchen«. Das ist tatsächlich der übliche Ausdruck in der Fachliteratur. {Kollegen, es brennt! Und das Feuer folgt einem sehr schnellen Algorithmus, um jeden Punkt eines Labyrinths auf dem kürzesten Wege »zu besuchen«.} Türen eintreten, sich erinnern, wie man reingekommen ist, Feuer anspucken bis es ausgeht – das alles ist jetzt sinnvoller als eine Tiefensuche. {Auf die Idee, mit einem Algorithmus aus einem brennenden Labyrinth zu entkommen, kann nur jemand kommen, der seine Jugend mit Engellehre verbracht hat.}

Besser geht's nicht

Vielleicht ist es der falsche Algorithmus? Zweimal an jedem Punkt des Netzwerks vorbeischauen – geht das nicht einfacher? Um den Algorithmus wertschätzen zu können, schauen wir uns zuerst das Problem etwas genauer an. Das ist guter Brauch auf diesem Planeten. Wenn du nicht weißt, wo der Ausgang ist, wenn du keine zusätzlichen Informationen, keine Karte, keinen Schrittzähler, keinen Kompass, keinen Ariadnefaden und auch keine Kieselsteine wie Hänsel hast, wie lange musst du dann schlimmstenfalls durch das Labyrinth laufen?

Mit dem schlimmsten Fall ist es so eine Sache. Auf den ersten Blick kann man es sich so vorstellen: Es gibt einen böswilligen Gegenspieler, der das für mich schlimmste Labyrinth konstruiert. Wenn er damit fertig ist, gehe ich los, um den Ausgang zu suchen. Die Reihenfolge lautet: Erst er, dann ich. Woher weiß der Gegenspieler, was für mich das schlimmste Labyrinth ist, bevor er weiß, wie ich suche? Schauen wir uns das Problem des Gegenspielers bei einem klitzekleinen Beispiel an. Das Labyrinth hat nur zwei Gänge: einen links, einen rechts. Der Gegenspieler soll nur noch den Ausgang platzieren. Für diese Gemeinheit muss er aber wissen, wo ich zuerst suchen werde, im rechten oder im linken Gang.

Für jede Suche den schlimmsten Fall bauen zu können ist, als hätte der Gegenspieler die Macht, jeden Teil des Labyrinths erst dann zu bauen, wenn ich diesen Teil besuche. Wenn er tatsächlich in der Lage ist, für jede Art zu suchen das schlimmste Labyrinth zu konstruieren, dann wird der Verlauf der Zeit auf den Kopf gestellt: Erst ich, dann er. Anfänglich baut der Gegenspieler nirgendwo einen Ausgang. {Das ist natürlich unfair. Aber wie will ich es ihm nachweisen?} Wenn er richtig fies ist, lässt er mich durch das ganze Labyrinth rennen, ohne dass ich je einen Ausgang sehe. Erst wenn ich den letzten Winkel des Labyrinths erreiche, stellt er genau an diesen Punkt die Tür ins Freie. {»Wo treibst du dich rum?«, wird er fragen, »hier wartet die ganze Zeit der Ausgang.« Und ich kann ihm das Gegenteil nicht beweisen.} Man nennt diese Art, den schlimmsten Fall für einen Algorithmus zu bestimmen, das »Prinzip der aufgeschobenen Entscheidung«. Es zeigt, was man sich auch so schon denken kann: Einmal muss man jeden Punkt besuchen.

Wer ein Labyrinth nicht kennt, muss im schlimmsten Fall jeden Punkt mindestens einmal besuchen – völlig egal, wie er sucht oder an welchen Algorithmus er sich erinnert. Williams Verfahren besucht im schlimmsten Fall jeden Punkt zweimal. Das ist doppelt so viel. Gibt es ein Verfahren, das jeden Punkt im schlimmsten Fall genau einmal besucht? {Im Falle eines Brandes wäre das schon interessant.} Vergessen wir für einen Augenblick, dass die beiden sich im Labyrinth nicht auskennen: Kann man überhaupt – geplant und mit Karte – so durch ein Labyrinth laufen, dass man jeden Punkt *genau* einmal besucht?

Exkursion zum Nikolaushäuschen

Kennst du das Haus vom Nikolaus? Die Aufgabe ist, das Haus vom Nikolaus – also ein Quadrat mit zwei Diagonalen als Fachwerk und einem einfachen, dreieckigen Dach – zu malen, ohne den Stift abzusetzen und ohne eine der {Moment, ich muss eben zählen: zwei fürs Dach, vier fürs Quadrat und zwei fürs Fachwerk} acht Linien doppelt zu zeichnen. Los! Hat es nicht geklappt? Probier es noch mal, aber diesmal bitte unten links oder unten rechts in der Ecke anfangen. Jetzt geht es. Dann machen wir es nochmal in der Bungalow-Variante, also die zwei Kanten für das Dach weglassen. Geht nicht? Auch nicht, wenn man unten anfängt? Warum?

Die Antwort findet sich in einem anderen deutschsprachigen Standardwerk, in Otfried Preußlers Kinderbuch »Räuber Hotzenplotz«. Kasperl und Seppel haben dem Räuber eine mit »Gold« beschriftete Kiste voller Sand untergejubelt. Während er sie in sein Versteck schleppt, hinterlässt er eine Spur aus feinem, weißem Sand. Die beiden folgen der Spur, bis sie sich auf einmal in zwei Spuren teilt. Messerscharf, wie Seppels Verstand ist, folgert er: Eine davon muss falsch sein! Egal, wie man durch den Räuberwald, durch das Labyrinth oder über das Blatt Papier läuft, an keinem Punkt können drei Linien einer Spur zusammenkommen. Entweder es sind zwei oder vier oder, wenn man dreimal über den gleichen Punkt gelaufen ist, auch sechs. Aber es kommen nie ungerade viele Spuren zusammen. Denn jedes Mal, wenn man auf einen Punkt zuläuft, muss man auch wieder von ihm weglaufen. Für jede Spur rein geht auch eine raus. Das gilt überall – mit Ausnahme von Start- und Endpunkt einer

Spur. Beim Start geht man einmal mehr raus als rein, beim Ende einmal mehr rein als raus. {Daher die Namen »Start« und »Ende«.}

Im Haus vom Nikolaus gibt es zwei Punkte, bei denen drei Kanten abgehen: links und rechts unten. Man kann es nur malen, wenn man an einem von diesen beiden Punkten anfängt. Die andere untere Ecke ist dann das Ende. Lässt man das Dach weg, hat der Bungalow vier Punkte mit einer ungeraden Anzahl von Kanten. Zwei davon können wieder Start und Ziel sein. An den anderen beiden muss nach Seppels Theorem immer eine Kante übrig bleiben.

Ein Labyrinth mit mehr als zwei ungeraden Knotenpunkten kann man nicht komplett durchlaufen, ohne manche Gänge mehrfach zu besuchen. Immerhin schafft es Williams Markierungsalgorithmus, jeden Gang höchstens zweimal zu besuchen. {Gar nicht schlecht, wenn man es sich genauer überlegt.} Der Algorithmus ist sogar bestmöglich: Stell dir ein strohsternförmiges »Labyrinth« vor. Du startest in der Mitte, und von dort gehen unzählige Gänge ins Nichts ab. Nur einer davon hat am Ende den Ausgang. Im schlimmsten Fall gehst du alle bis auf den letzten einmal hin und einmal zurück, um den Ausgang zu finden. Und den letzten Gang zum Ausgang besucht auch die Tiefensuche nur einmal.

Der Algorithmus von William ist, was den schlimmstmöglichen Fall angeht, bestmöglich. Das klingt natürlich schon ganz anders: William von Baskerville erinnert sich inmitten der Flammen an den bestmöglichen Algorithmus, um den Ausgang in einem Labyrinth zu finden. {Und stirbt mit einem Pinsel feuerfester Farbe in der Hand.} Bestmöglich heißt eben, im Zweifel jeden lodernden Balken zweimal zu besuchen.

Für das Haus vom Nikolaus immer unten links oder unten rechts anfangen.

Kein Bungalow für den Nikolaus!

{Die beiden Mönche befinden sich in einer tödlichen Falle. Da hilft auch keine Tiefensuche.} Algorithmisch zu denken, fängt in der Regel damit an, sich klarzumachen, was möglich und was unvermeidlich ist.

Die Romanbibliothek ist ein Sinnbild für die Geisteswelt der Zeit, und der Kennzeichnungsalgorithmus spielt die Rol-

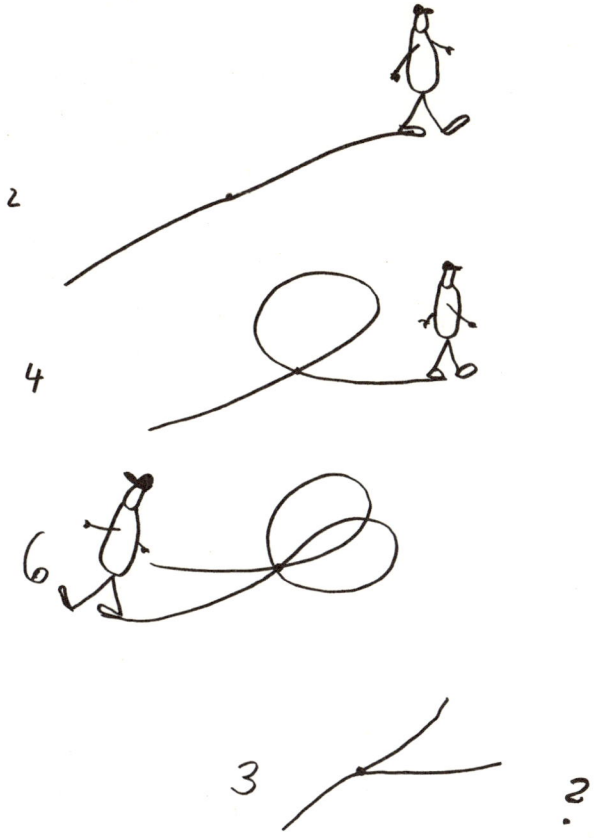

Egal, wie man läuft: An keinem Punkt können drei Linien zu einer Spur zusammenkommen.

le einer neuen, rationalen Geisteshaltung. Aber so wie diese Bibliothek auch ein Sinnbild für die Geisteswelt unserer Zeit abgibt, ist die literarische Idee einer algorithmischen Rettung entlarvend für unsere wundergläubige Diskussion um Algorithmen. Die Tiefensuche ist beweisbar bestmöglich. In einem brennenden Labyrinth ist aber nicht viel möglich.

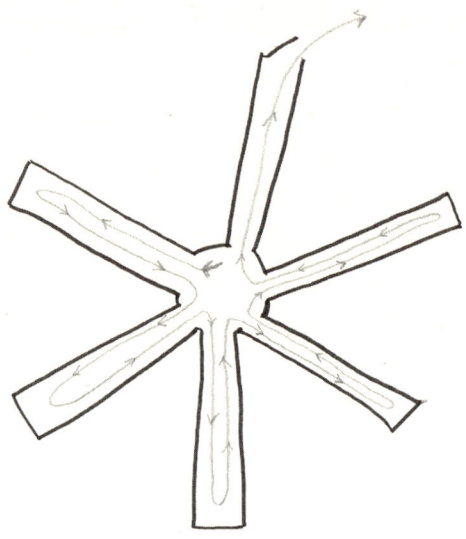

Tiefensuche: In der Mitte des Stern-Labyrinths starten, schlimmstenfalls geht man alle bis auf den letzten Gang einmal hin und zurück, bis der Ausgang gefunden ist.

Bausteine für die Kunst der Faulheit

Wir wollten gar nicht aus einer brennenden Bibliothek entkommen, wir wollten nur die brennende Frage, was ein Algorithmus ist, an einem Beispiel verstehen. Also, wie geht der Algorithmus? Eine Tiefensuche ist eine Art von vielen, um systematisch ein ganzes Netzwerk zu durchsuchen. Nichts Tiefsinniges. Sie heißt Tiefensuche, weil man dabei zunächst in die Tiefe geht, bevor man in die Breite weitersucht.

Stell dir vor, die Suche beginnt im Lesesaal. Das ist der Startknoten. Von dort gehen viele Gänge und Türen ab, die auf andere Räume oder Kreuzungen führen. Das sind die Nachbarknoten des Startknotens. Ein ängstlicher Labyrinthgänger würde zuerst jeden dieser Nachbarknoten besichtigen und jedes Mal sofort zum Startknoten zurückgehen. Das ist viel zu viel hin und her. Anders die Tiefensuche! Sie sucht sich entschlossen einen der Nachbarknoten aus und kehrt nicht eher zum Lesesaal zurück, bevor sie nicht alles erkundet hat, was sich von diesem einen Nachbarknoten aus erreichen lässt. Erst danach kümmert sie sich um den nächsten Nachbarknoten des Lesesaals.

Bleibt zu klären, wie man sich alles anschaut, was hinter einem benachbarten Knoten liegt. Genauso wie beim Startknoten: Man sucht sich irgendeinen Gang aus, der von diesem abgeht, und schaut sich alles an, was hinter dessen Endknoten liegt. Erst danach erforscht man den nächsten Gang. Ist man mit allen Gängen fertig, die hier abgehen, geht man zurück zum Lesesaal.

Die Tiefensuche geht immer tiefer ins Labyrinth, bis sie in einen Saal kommt, der keine abgehenden Gänge hat oder dessen sämtliche Gänge auf Knoten führen, die sie schon besucht hat. Dann geht sie den Gang, den sie gerade gekommen ist, bis zum vorigen Knoten zurück und weiß, dass sie alles erledigt hat, was dahinterliegt. Klar, dass sie so durch jeden Gang höchstens einmal hin und einmal wieder zurückgehen muss. Noch nicht ganz klar, wie es geht? Dann machen wir es noch einmal in kurz:

Tiefensuche von einem Knoten aus bedeutet Folgendes: Führe nacheinander für jeden benachbarten Knoten – falls du ihn noch nie gesehen hast – eine Tiefensuche durch. {Das war alles? Darüber hat William so lange nachgedacht?} Ja!

Die Tiefensuche klingt ein bisschen zirkulär. Sie ist aber nur rekursiv: Sie ruft sich selbst auf. Die Rekursion ist ein häufiger Baustein für Algorithmen. An dieser sehr kompakten, im guten Sinne faulen Darstellung kann man noch zwei weitere landestypische Bausteine erkennen: Erstens gibt es eine sogenannte if-Abfrage. *Falls* du den Knoten noch nie gesehen hast, dann führe mit ihm die Tiefensuche durch, heißt es. {Im Entscheidungsbaum des Algorithmus gibt es hier eine Astgabel: Wenn es so ist, links, sonst rechts weiter im Baum.}

Das dritte typische Element nennt man eine Schleife. Das heißt bei der Tiefensuche: Für alle benachbarten Knoten führe irgendetwas aus. Durch eine solche Schleife wächst der Entscheidungsbaum beliebig weit in die Höhe. Die Anweisung »führe irgendetwas aus« wird mehrmals wiederholt. Aber in keiner dieser Wiederholungen passiert das Gleiche: Es wird zwar immer dieselbe Anweisung im Algorithmus ausgeführt, aber es wird jedes Mal ein anderer Teil des Labyrinths damit erforscht.

Rekursion, if-Abfragen und Schleifen sind Bausteine, um einen Algorithmus zu konstruieren. Mit ihrer Hilfe können algorithmische Konstrukte sehr kompakt ausfallen. Lässt man den Algorithmus auf verschiedene Eingabedaten los, auf verschiedene Labyrinthe, dann kann sich aus diesem kompakten Keimling eine Vielzahl von verschiedenen Suchen entwickeln, für jedes Labyrinth eine andere. Ein Algorithmus macht niemals das Gleiche. {Wer in jedem Labyrinth die immer gleichen Wege gehen wollte, wird schnell gegen die Wand laufen.} Ein Algorithmus ist eine kompakte Regel, die sich in einer Vielfalt von Abläufen ausprägen kann, um der Vielfalt der Instanzen, gerecht zu werden. Die Arbeit des Algorithmikers ist erst getan, wenn ein riesiger Entscheidungsbaum in wenigen Regeln ausgedrückt ist, ohne seine Vielfalt zu beschneiden. Die Kunst der Faulheit sucht nach Bildungsregeln, die Vielfalt entstehen lassen. Eine Faulheit, die alles über einen Kamm schert, ist keine Kunst und auch kein Algorithmus.

Die Faulheit und die Vielfalt

Bei Algorithmen geht es nicht um den *einen* Plan, um aus *einem* Labyrinth zu entkommen. Es geht darum, wie man den Weg *immer* findet. Darin liegt ihre Stärke, und das macht sie verdächtig. Der Unterschied zwischen einem Kochrezept, das alles auf einen Einheitsbrei reduziert, und dem Algorithmus, bei dem aus einem Prinzip eine ungeahnte Vielfalt wächst, ist leicht zu übersehen. Wir misstrauen dieser Vielfalt, solange wir sie nicht mit eigenen Augen gesehen haben.

Unser Planet ist voller Beispiele für das Spannungsverhältnis von Einzelfall und Prinzip. Oft geht es nicht um die Verhandlungen für ein *einzelnes* Geschäft, sondern darum, wie man *unzählige unterschiedliche* Geschäfte *immer wieder* erfolgreich abschließt. Nicht um den *einen* Impfstoff, sondern um das Verfahren, mit den *immer neuen* Grippeviren Schritt zu halten. Nicht um den *von Hand maßgeschneiderten* Anzug, sondern die *Konfektion,* nicht um die *individuellen* Empfehlung des Buchhändlers, sondern die *personalisierten* Filmempfehlungen von Online-Filmverleihen, nicht um das *persönliche* Verkaufsgespräch, sondern die *personalisierten* Werbebanner im Internet, nicht um die Eroberung der *einen* Liebe des Lebens, sondern um *die Masche* des Pick-up-Artist. In jedem dieser Beispiele erscheint die Frage, ob das Prinzip dem Einzelfall gerecht werden kann. Die Diskussion wird in jedem Beispiel anders ausfallen. Das Neue ist: Die Frage lautet nicht länger Einzelfall oder Einheitsbrei. Es gibt etwas dazwischen: das einfache Prinzip, das Vielfalt entstehen lässt.

Eine Möglichkeit, die Vielfalt, die in einer sehr einfachen Bildungsregel verborgen ist, mit eigenen Augen zu sehen, läuft unter dem prätentiösen Namen »Game of Life«. Sie wurde von dem Mathematiker John Horton Conway entwickelt. »Game of Life« spielt man auf einem Stück kariertem Papier. Zu Beginn malt man in ein paar geschickt ausgewählte Kästchen jeweils ein Häschen. {Weniger Begabte machen Kreuze.} Wichtig ist, mit Bleistift und Radiergummi zu arbeiten. Dann geht es Runde für Runde. Jedes Karokästchen hat acht Nachbarn, je einen oben, unten, rechts und links, vier schräg. In jeder Runde sterben alle Häschen, in deren Nachbarschaft weniger als zwei andere Häschen wohnen. {Einsamkeit! Wegradieren.} Sind es mehr als drei Nachbarn, geht das Häschen auch ein. {Dichtestress! Wegradieren.} Bei drei Häschen in der Nachbarschaft eines leeren Kästchens entsteht dort sogar ein neues Häschen. {Wunder des Lebens! Eins dazumalen – und nicht fragen, warum drei.}

Der Spielspaß hält sich in Grenzen. Das ständige Wegradieren – gut, dafür gibt es Webseiten und Apps. Schlimmer ist, dass es gar nichts zu spielen gibt. Alles ist genau vorgegeben. {»Game of Life« zu spielen hat weniger Entscheidungsmöglichkeiten, als Rabattmarken kleben.} Die einzige Entscheidung im ganzen Spiel wird am Anfang getroffen, wenn man auswählt, in welchen Kästchen die ersten Häschen wohnen.

Diese Entscheidung hat es jedoch in sich. Die meisten Anfangskonfigurationen führen schnurstracks zum Austerben der gesamten Population. Andere führen zu unendlich langen Bewegungen. Die Anfangskonfigurationen sind unscheinbar, aber aus ihnen entwickelt sich eine unglaubliche Vielfalt. Kleine Veränderungen in der Anfangskonfiguration, dem Input, machen den Unterschied zwischen faszinierend und langweilig. {Am besten schaust du dir zuerst ein paar Filme davon im Internet an, bevor du selbst damit experimentierst.}

»Game of Life« ist ein zellulärer Automat, ein spezieller Algorithmus. Auf den ersten Blick berechnet er nichts, was von Interesse wäre. Tatsächlich berechnet er alles, was berechnet werden kann. Für uns macht »Game of Life« sichtbar, was Algorithmiker fasziniert: Seine Grundregeln sind einfach. Seine Durchführung stumpfsinnig. Und doch erzeugt es eine verblüffende Vielfalt. Kann man einem Input ansehen, wozu er führt? Kann man zumindest erkennen, ob ein Input irgendwann zu einem statischen Bild führt oder niemals anhält? Welche Muster kann man entstehen lassen? Welche nicht?

Das Wesentliche an einem Algorithmus ist nicht die feste Regel, sondern die Vielfalt dessen, was sich daraus ergibt. Ein Kochrezept produziert immer das gleiche Gericht. Ein Algorithmus produziert je nach Input eine unvorhersehbare Vielfalt. Deshalb erklärt man Algorithmen immer im Zusammenhang von Problemklassen, weil derselbe Algorithmus aus verschiedenen Eingaben eine breite Vielfalt an Reaktionen hervorbringt. Deshalb sind Algorithmen Kunstwerke der Faulheit: Aus asketisch wenigen Prinzipien entsteht eine verblüffende Vielfalt.

Von der Karte zum Weg

Sind Algorithmen nicht eigentlich dazu da, Information zu verarbeiten? Das stimmt. {Algorithmen lösen keine physischen Probleme, wie es Nagelfeilen oder Vollwaschmittel können.} Algorithmen verarbeiten Informationen. Dennoch gehören einige physische Probleme zum Kern der Algorithmik. Labyrinthe sind ein Beispiel. Ein anderes sind Stapelprobleme wie die berühmten »Türme von Hanoi« oder das Rangieren von Güterzügen.

Das Herumlaufen im Labyrinth ist eine Art, Informationen zu sammeln. Wenn man eine Karte hat, ist dieses Sammeln überflüssig. Auf einer Karte hat man alle Informationen mit einem Blick vor sich. Man sieht sofort den Ausgang und den Weg dorthin. Man sieht sogar einen kürzesten Weg, denn die Karte zeigt auch die Länge der Gänge, die wir bisher vernachlässigt haben.

Ist wirklich die ganze Information in einer Karte auf einen Blick vorhanden? Wenn mich jemand nach dem Weg fragt, kann ich ihm einfach einen Stadtplan in die Hand drücken? Mit der Karte liegt ihm die Information für den kürzesten Weg vor. Aber den Weg kennt er noch nicht. Dazu muss er die Information erst verarbeiten. Seltsam: Alle Informationen liegen vor, und trotzdem ist die Frage noch nicht beantwortet. {Algorithmen beantworten genau solche Fragen.} Wie bei einem Rätsel liegt alles auf dem Tisch, und trotzdem muss man die Antwort erst noch suchen. Auf den zweiten Blick ist das gar nicht seltsam. Seltsam ist zu glauben, dass eine Karte schon eine Wegbeschreibung sei, als ob ein Baum schon ein Stuhl wäre.

Eine Karte ist noch kein Weg ...

Die Karte enthält die Eingabedaten zum Beispiel für Algorithmen, die daraus einen kürzesten Weg machen. Um das zu tun, muss der Algorithmus über die Karte laufen wie Ecos Mönche durch das Labyrinth und die Daten stückweise zur Kenntnis nehmen. Auf einen Blick sieht man auf einer Karte gar nichts. Erst wenn man den Straßen systematisch folgt, erschließt sich die Information, findet sich zum Beispiel ein kürzester Weg.

Die Reihenfolge, in der die Daten gelesen werden, ist Teil des Algorithmus. Der Algorithmus läuft zwar nicht physisch durch das Labyrinth, aber so, wie unser Blick kreuz und quer über die Karte läuft, so läuft er allgemein über die Eingabedaten. Je weniger er herumlaufen muss, desto schneller kommt er zum Ergebnis. In diesem Zusammensuchen der Information liegt ein Grund dafür, dass die Tiefensuche ein so weitverbreiteter Algorithmus ist. Sie ist unglaublich vielseitig. Jeder hat schon mal ein Programm benutzt, in dem sie als Baustein verwendet wird. Sie ist eine grundlegende Art, Eingabedaten eines Netzwerks zur Kenntnis zu nehmen.

Algorithmen verarbeiten Informationen. Was heißt es, Informationen zu verarbeiten? Was ist eigentlich Information? Information ist kein Wissen. {Das ist ein Gemeinplatz.} Wir werden von Informationen überströmt, die wir kaum mehr wahrnehmen. Die Fülle an Informationen erhöht nicht das Wissen, sie scheint es sogar wegzuschwemmen. Algorithmen gehören zu dieser Kultur der verstandeslosen Information. Denn Computer wie auch Algorithmen können nur mit Information umgehen. Wissen ist dem Menschen vorbehalten.

Wenn ein Schüler in der Prüfung sagt: »Die Luftbrücke für Berlin begann am Abend des 25. Juni 1948«, ist das schon Wissen oder noch Information? Der Schüler weiß wahrscheinlich nicht einmal, was mit »begann« gemeint ist. {Der erste Flug? Der Beginn massenhafter Flüge? Die Ankündigung der Luftbrücke?} Und er weiß erst recht nicht, was die Luftbrücke für die Berliner bedeutet hat. Er hat kaum einen Bezug zu dem, was er sagt. Wissen entsteht in Bezügen. Je weiter diese Bezüge ausgreifen, desto eher kann man sagen, dass jemand wirklich weiß, wovon er redet. {Wissen nur Zeitzeugen wirklich, was der Satz über den Beginn der Luftbrücke heißt?}

Diese Bezüge bleiben kraftlos, bis sie in dem verankert werden, worum es dem Menschen selbst geht. Reine Information andererseits ist ein nachgeplapperter Satz, sie ist nur noch Zeichen. Ein Gekritzel auf einem Stück Papier, das erst von einem Menschen durch die Bezüge, die er daran knüpft, zum Leben erweckt werden muss. Information ist ein Haken oder ein Kreis hinter den Einträgen einer Liste, ein Like, ein Eselsohr, ein Knoten im Taschentuch oder eine elektrische Ladung in einem Speichermedium.

Durch ihre Bezüge bekommen die Zeichen Bedeutung. Aber auch losgelöst von ihrer Bedeutung kann man mit Zeichen etwas Sinnvolles anstellen. Man kann sie umformen. Wenn man sie nach bestimmten Regeln umformt, dann kommt dabei etwas heraus. Jeder kennt das, wenn man etwas schriftlich ausrechnet: Zuerst steht eine Folge von Zeichen da. Alle Information liegt vor, aber die Frage ist offen. Dann formt man die Zeichen nach bestimmten Regeln um und kommt zum Ergebnis. {Manchmal sogar ganz ohne die Bedeutung der Zeichen. Man muss noch nicht einmal wissen, dass »5« Fünf bedeutet, solange man sich an die Regeln hält, wie aus »5+3« eine »8« zu machen ist.} Genauso ist es mit der Karte. Sie ist eine Folge von Zeichen. Wenn man sie richtig verarbeitet, steht am Ende eine Zeichenfolge, die den kürzesten Weg zum Ziel zeigt.

Zeichen sind wie der Brennpunkt in meinem Auge: Ein kleiner Punkt, an dem auf der einen Seite der unterschiedlich große Bezugskegel der Bedeutungen abgeht. Auf der anderen Seite des Brennpunkts öffnet sich auch etwas: der Fächer des formalen Schließens. Die Möglichkeiten, die Zeichenfolge nach Regeln umzuformen. Dieser Kegel der Möglichkeiten des Umformens sind die Algorithmen. {Moment mal: Algorithmen sollten doch Probleme lösen? Welt retten und so. Und jetzt nur Zeichen umformen?}

Rhythmisches Zeichnen

In der Mythologie der Algorithmen bestehen Zeichenfolgen aus »0« und »1«. Aber das ist wirklich egal. Es könnten genauso gut »3«, »F« oder etwas ganz anderes, das gerade den Textsatz überfordert, sein. »0« und »1« bedeuten nicht Null und Eins. Sie sind nicht mehr und nicht weniger als zwei unterscheidbare Zeichen. {Zeichenfolgen mit nur einer Art Zeichen wären ziemlich unpraktisch.}

Die Zeichenfolge der Eingabe hat eine Interpretation: Sie stellt eine Karte dar oder eine Rechenaufgabe. Auch ein Algorithmus, also eine Regel zur Umformung von Zeichen, braucht eine Interpretation, eine Analyse. Man analysiert die Vielfalt des Verhaltens eines Algorithmus bei allen möglichen Eingabedaten. Erst aus der Analyse ergibt sich die Bedeutung eines Algorithmus, beispielsweise dass er korrekt zwei Zahlen miteinander multipliziert oder dass er am Ende eine Zeichenfolge auf das Papier geschrieben hat, die einen kürzesten Weg zeigt.

Nehmen wir an, wir haben einen Algorithmus, um kürzeste Wege zu berechnen. Im Einzelnen heißt das: Wir haben eine Vereinbarung, wie man das Straßennetz als Zeichenfolge zu Papier bringt, eine Vereinbarung, wie am Ende ein kürzester Weg gekennzeichnet sein soll, und einen Satz von Regeln, wie die Eingabe umgeformt wird, bis das Ergebnis dasteht. Diese Regel wird irgendwas auf der Zeichenfolge, wir können uns ruhig eine Karte vorstellen, herumkritzeln und irgendwann verkünden: Ich hab's! {Was passiert, wenn ich anstelle einer Landkarte mein Passbild in diesen Algorithmus stecke? Dem Algorithmus ist das egal. Er wird in meinem Passbild herumkritzeln.}

Die Regel mit der rechten Hand in einem Labyrinth ist auch ein Algorithmus. Verpackt man das Labyrinth in eine Zeichenfolge, zum Beispiel eine Karte, kann dieser Algorithmus einen Weg zur Tür finden. Er wird mit dem Bleistift an der Wand entlangfahren und »Fertig!« rufen, wenn er die Tür gefunden hat. Dieser Algorithmus hatte eine spezielle Voraussetzung: Es durfte keine Säulen geben. Was passiert, wenn ich ihm dennoch eine Karte mit einer Säule gebe? Dann kann es sein, dass er mit dem Bleistift um die Säule fährt und noch einmal herumfährt und noch einmal – und niemals damit aufhört. {Das Gleiche kann mit dem Kürzesten-Wege-Algorithmus auf meinem Passbild passieren.} Füttert man einen Algorithmus mit den für seine Analyse falschen Eingabedaten, kann es passieren, dass er nicht zum Halten kommt.

Den wirklich kürzesten Weg finden

Schauen wir, was ein Algorithmus macht, um einen kürzesten Weg zu finden. {Immer von »einem« und nicht von »dem« kürzesten Weg zu sprechen, ist übrigens Algorithmiker-Jargon, denn es kann ja mehrere gleich kurze Wege geben.} Wie findet ein Navi den schnellsten Weg? Es hat einen Straßengraphen mit Knoten und Kanten, und für jede Kante ist eine Fahrzeit angegeben. Der Graph ist hinreichend detailliert, um die tatsächliche Fahrzeit gut abzubilden. Zum Beispiel sind Kreuzungen nicht einfach ein Knoten, sondern bestehen aus mehreren Abbiegekanten, je nachdem, von wo man auf die Kreuzung kommt und wohin man weiterfährt. {In der Qualität dieser Fahrzeitdaten steckt viel Kapital für Hersteller von Navigationsgeräten und Autos.} Die Eingabe für einen Kürzeste-Wege-Algorithmus ist ein gerichteter Graph mit Kantenlängen. {Der Graph heißt gerichtet, weil man bei jeder Kante noch dazusagt, wo vorne und hinten ist. Es gibt ja Einbahnstraßen.} Dann muss man noch Start- und Zielknoten auswählen, und es kann losgehen.

Früher hat man selbst dieses Problem gelöst. Der Eingabegraph war der Straßenatlas. Es ist eigentlich nicht schwierig, für den Sommerurlaub eine Route, sagen wir von Erlangen nach Barcelona, zu finden. In der Regel bietet sie sich auf den ersten Blick an. Aufwendig wird es nur, wenn man zwei oder mehr Möglichkeiten hat. Dann muss man nachrechnen, welche Route die kürzere ist. Wie macht ein Navi das? Kann man sich von dessen Tricks was abschauen? Eher umgekehrt. Die Navis lernen noch heute von unseren Tricks im Umgang mit Straßenkarten.

Um *irgendeinen* Weg nach Barcelona zu finden, kann das Navi zum Beispiel eine Tiefensuche von Erlangen aus laufen lassen, bis das Hotel in Barcelona gefunden ist. {Irgendeinen Weg kann man schon finden.} Die Aufgabe ist, sich sicher zu sein, dass es wirklich *keinen kürzeren* Weg gibt. Dafür gibt es einen einfachen Trick: Man schaut sich *ausnahmslos alle* Wege an. Im Prinzip geht das, aber ist das praktisch?

Makramee-Navigation

40 Bäume stehen schnurgerade in weiten Abständen hintereinander. Je eine Straße führt links, eine rechts um den Baum. Zwischen den Bäumen laufen die beiden Straßen zusammen. Diese Straßenführung bietet ungeahnte Möglich-

keiten für den mathematisch interessierten Fahrer: 40-mal kann er entscheiden, rechts oder links vorbeizufahren. 40 Bäume geben so rund 1000 Milliarden verschiedene Wege. So sinnlos diese Straßenführung ist, das Prinzip ist klar: Alle Wege auszuprobieren wird zu viel. {Das geht doch einfacher!} Es reicht, Baum für Baum zu wissen, wie man am schnellsten bis dorthin gelangt, dann muss ich nicht noch Milliarden andere Wege ausprobieren: Ein kürzester Weg besteht aus kürzesten Wegen zwischen den Knoten, über die er führt. Das gilt auf jeder Straßenkarte. Geschwollen ausgedrückt, besitzt das Kürzeste-Wege-Problem die Eigenschaft optimaler Substrukturen. Jede Etappe – das ist die Substruktur – führt über die kürzeste Strecke zwischen den Etappenpunkten: Das Kürzeste ist nirgendwo zu lang.

Diese optimale Substruktur geht schneller verloren, als man glaubt. Wer sich neben der Fahrzeit auch für den Energieverbrauch interessiert, hat Kanten mit jeweils zwei Längen: eben Energieverbrauch und Fahrzeit. Für Elektroautos ist das besonders interessant. Im Stand verbrauchen Elektroautos sehr wenig. Eine Route durch die Innenstadt mit viel Stop-and-Go oder Stau ist langsamer, aber für Elektroautos sparsamer als die Umgehungsautobahn. Soll das Navi die sparsamste Route unter 45 Minuten finden, steht es vor einem Problem, das keine optimale Substruktur aufweist. Eine Etappe in der besten Gesamtlösung führt nicht unbedingt über die sparsamste Route für die 45-Minuten-Etappe. Vielleicht fährt man auf dem Teilstück lieber etwas verschwenderischer, dafür aber schneller. Mit der Zusatzanforderung geht die optimale Substruktur verloren, und das Problem wird ernsthaft schwieriger. {Deshalb gibt es diese Funktion nicht im Navi.}

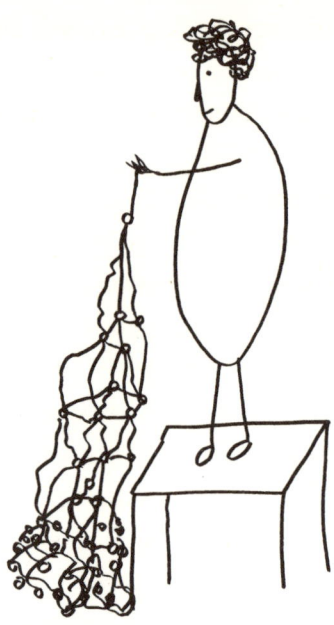

Angenommen Knopf 42 verlässt die Tischplatte, wenn Knopf 1 genau 1,74 Meter über den Tisch gehalten wird. Dann ist die straffe Verbindung genau 1,74 Meter lang.

Stell dir eine aus Bindfaden und Wäscheknöpfen gebaute Straßenkarte vor. Jede Kante ist ein Stückchen Faden genau in der Länge ihrer Fahrzeit. Jeder Knoten ist ein kleiner Wäscheknopf. Das Netz liegt jetzt vor dir auf dem Küchentisch. Du hebst es langsam am Startknopf an. Was passiert? {Es verheddert sich fürchterlich, schon klar, aber idealisiert: Was würde passieren?} Mit dem Startknopf hebst du alle von ihm abgehenden Fäden an, bis der nächste Knopf die Tischplatte verlässt. Das ist Knopf Nummer 1. Es ist der Knoten, der vom Startknoten aus am schnellsten zu erreichen ist. Idealisiert ist nur der Faden straff, der den Startknopf und Knopf Nummer 1 am kürzesten miteinander verbindet: der kürzeste Weg zu

Nummer 1. Jeder kürzeste Weg zu einem anderen Knopf, der über Nummer 1 führt, nimmt diesen Teilweg. Knopf Nummer 1 hängt fortan an diesem Faden. {War noch nicht so spannend.} Du hebst den Startknopf weiter an. Irgendwann hebt sich der Knopf Nummer 2. Es ist der dem Startknopf zweitnächste Knopf. Entweder hängt Nummer 2 an Nummer 1 oder direkt am Startknoten, je nachdem, welches Fadenstück kürzer ist.

Während du den Startknopf weiter anhebst, lösen sich immer mehr Knöpfe vom Tisch und hängen direkt oder indirekt am Startknopf. Die Fäden, an denen Knöpfe hängen, sind straff, weil sie die kürzeste Verbindung zum Startknopf bilden. Es gibt auch andere Fäden, die zu den schwebenden Knöpfen führen. Diese Fäden hängen durch, weil sie länger sind als die kürzeste Verbindung, an der ein Knopf baumelt. Sobald ein Knopf, sagen wir Knopf Nummer 42, das erste Mal in der Luft hängt, wird sich nichts mehr daran ändern, durch welche straffen Fäden er gehalten wird. Egal, was noch passiert, seine kürzeste Verbindung zum Startknopf liegt fest. Warum kann es nicht passieren, dass erst später ein Knopf angehoben wird, über den der echte kürzeste Weg zu Nummer 42 führt?

Angenommen Nummer 42 verlässt die Tischplatte, wenn du den Startknopf 1,74 Meter über den Tisch hältst. Dann ist die jetzt straffe Verbindung zu Knopf 42 genau 1,74 Meter lang. Jeder Knopf, der bei dieser Armhöhe noch auf dem Tisch liegt, hat keine Verbindung zum Startknopf, die kürzer als 1,74 Meter ist. Über einen Knopf, der noch liegt, der also selbst erst nach mehr als 1,74 Metern erreicht wird, kann kein kürzerer Weg zu Knopf 42 führen – optimale Substruktur. {Es sei denn, es gibt einen Faden mit negativer Länge im Netz. Wenn man also hin und wieder in der Zeit rückwärts reisen könnte, dann kann etwas schiefgehen. Berechtigter Einwand und der Grund, dass der Algorithmus, der uns gerade vor Augen schwebt, im Allgemeinen nur für nicht negative Kantenlängen funktioniert. Das mit dem »nicht-negativ« ist wieder so ein Mathematiker-Ding, um zu sagen »positiv oder Null«.} Kurz gesagt, die Knoten verlassen die Tischplatte in der Reihenfolge ihres Abstands zum Startknoten. In dieser Reihenfolge kann der Algorithmus die optimale Substruktur nutzen und ein schon gefundener Teilweg muss nie korrigiert werden.

Dieser Algorithmus heißt Dijkstras-Algorithmus. Er wurde 1956 von Edsger W. Dijkstra erdacht, allerdings nicht für Autofahrer, sondern für Bahnfahrer in den Niederlanden. Dijkstra arbeitete damals am niederländischen Zentrum für Informatik und Mathematik, das noch heute zu den weltweit führenden Forschungsinstituten für Algorithmen zählt. Der Staat hatte dem Zentrum einen unglaublich teuren Rechner gekauft. {Besorgte Steuerzahler hatten damals sicher Zweifel, ob Forscher mit diesen Dingern irgendetwas Brauchbares anfangen – oder nur ihre persönliche Diät ausrechnen.}

Zur feierlichen und öffentlichen Einweihung des neuen Rechners sollte sich Dijkstra daher etwas offensichtlich Sinnvolles einfallen lassen, das der teure Rechner vormachen konnte. Er entschied sich, einen Algorithmus zu entwickeln, der im niederländischen Bahnnetz die kürzeste Verbindung zwischen zwei Städten bestimmen konnte: Die erste Anwendung des Dijkstra-Algorithmus hatte also ganze 64 Knoten. Eine Route zwischen zwei Bahnhöfen zu berechnen, dauerte etwa eine Minute. Die Einweihungsshow war ein voller

Erfolg. {Veröffentlicht hat Dijkstra seinen Algorithmus erst drei Jahre später, weil es damals noch keine Journale gab, die so etwas publizieren wollten.} Heute zählt Dijkstras Artikel zu den meistzitierten des Fachs, und Dijkstra läuft in jedem Navigationssystem, ob im Telefon, im Auto oder auf Webseiten.

Von den Menschen lernen

Der Dijkstra-Algorithmus funktioniert auf jeder Karte, in jedem Labyrinth, in einfach jedem Graphen mit nicht-negativen Kantenlängen. Implementiert man den Dijkstra »plain vanilla«, also ohne allen Schnickschnack, und lässt ihn auf einem modernen Laptop laufen, dann findet er kürzeste Wege in Straßengraphen der Größe von Berlin, also mit einigen Hunderttausend Kanten – und zwar gefühlt sofort. Wer außerhalb Berlins verreisen möchte, braucht jedoch Beschleunigungstechniken. Diese Techniken gibt es zuhauf, und sie bringen im schlimmsten Fall – gar nichts, meistens aber sehr viel. Die bisher besten Ideen zur Beschleunigung imitieren die Art, wie ein Mensch auf einer Karte suchen würde.

Die Darstellung eines Straßengraphen auf einer Karte gibt einem Menschen wertvolle Zusatzinformation, um sich beim Routensuchen geschickter anzustellen als der Dijkstra. Der Dijkstra arbeitet die Knoten in der Reihenfolge ihres Abstands zum Startknoten ab. Er sucht kreisförmig um den Start herum. Für die Route von Erlangen nach Barcelona bildet sich um die fränkische Großstadt ein Kreis, der halb Europa umfasst, bis endlich auch Barcelona drin ist. {Kein vernünftiger Mensch, der nach Spanien fährt, würde bis Warschau,

Belgrad und London schauen.} Die naive Suche, mit der ich auf einer Karte geradewegs auf das Ziel zugehe, ist nie ganz sicher, nicht doch den allerkürzesten Weg übersehen zu haben. Die Kunst des Beschleunigens liegt darin, die Anzahl der Knoten, die der Dijkstra besucht, drastisch zu reduzieren und trotzdem sicher zu sein, den kürzesten Weg gefunden zu haben.

Die einfachste Beschleunigungsidee sucht gleichzeitig vorwärts von Erlangen und rückwärts von Barcelona aus. Es bilden sich zwei, in Summe kleinere Kreise um die beiden Städte, die sich irgendwann treffen. Dann hat man die Route in zwei Teilen gefunden. Ein zweiter Trick nutzt direkt aus, dass Luftlinie und Fahrzeit etwas miteinander zu tun haben. Man verrät Dijkstra für jeden Knoten die Länge der Luftlinie zum Ziel. Dadurch lockt man den Algorithmus in die Richtung des Ziels, und die Suchfront ist nicht mehr kreis-, sondern flammenförmig auf das Ziel zu.

Beides hilft, aber der Dijkstra ist immer noch lächerlich umständlich. Wenn die Route über Lyon führt, wird sich Dijkstra – egal, ob flammenförmig oder rund – in der Millionenstadt jede Kreuzung anschauen. Jeder Mensch, der mit dem Auto bis Barcelona durchfahren will, wird die Autobahn erst verlassen, wenn er ziemlich nahe am Ziel ist. Die Seitenstraßen von Lyon kann man sich bei der Suche komplett sparen. {Für uns ist das klar, aber der Dijkstra-Algorithmus würde Bauklötze staunen: Woher wisst ihr das? – Weil die Verkehrsplaner das so gemacht haben. – Das sind natürlich keine Argumente, auf die sich ein Algorithmus einlassen kann. Er hat schließlich einen Ruf zu verlieren, garantiert einen kürzesten Weg anzugeben.}

Interessant wäre die Geschichte mit den Autobahnen aber schon. Im Grunde handelt es sich um Vorwissen, das man als erfahrener Routenplaner berücksichtigen kann. Man weiß von vornherein, dass man für eine kürzeste Route zwischen weit voneinander entfernten Punkten viele Straßen mit Sicherheit nicht berücksichtigen muss. Wie könnte sich der Dijkstra-Algorithmus etwas von dem erfahrenen Routenplaner abschauen?

Wer ein Navigationssystem benutzt, möchte nur wenige Sekunden warten. Während man das Navigationssystem entwickelt, kann man aber gerne ein paar Tage einen Großrechner anwerfen, um die Kartendaten mit Informationen anzureichern, die dem Dijkstra die Arbeit erleichtern. {Dieses Vorkochen von Information nennt man Preprocessing.} Freilich kann man nicht einfach alle kürzesten Wege vorab berechnen und dann speichern. Das sind zu viele. Man muss eine Variante finden, die möglichst wenig Information speichert und möglichst viel Arbeit erleichtert.

Jeder moderne Navigationsalgorithmus hat Zusatzinformation darüber gespeichert, welche Teile des Graphen überhaupt infrage kommen. Eine der neuesten und schnellsten Varianten für diese Zusatzinformation bei Straßengraphen merkt sich für jede Region so etwas wie Autobahnanschlüsse und dazu das Netz der Verbindungen zwischen den Anschlüssen. Die Daten für einen Straßengraphen mit Anschlusspunkten sind nur wenig mehr als die für den Straßengraph allein. Mit diesem bisschen Zusatzinformation kann Dijkstra von Erlangen nach Barcelona wie folgt suchen: Zuerst in Erlangen die kürzesten Wege zu den Autobahnauffahrten suchen, danach nur noch im Autobahnnetz bis in die Region Barcelona suchen und dort wieder eine Handvoll Ausfahrten und deren kürzeste Wege zum Hotel durchprobieren. {Da hätte er fast so wenig zu tun wie damals im niederländischen Eisenbahnnetz.}

Woher kommt diese wunderbare Zusatzinformation? Dijkstra wird einen Algorithmus, der ihm noch etwas schuldig ist, um Folgendes bitten: Suche einige Knoten aus, die genau die Eigenschaften erfüllen, die wir grob von Autobahnanschlüssen erwarten. Jeder Knoten im gesamten Straßengraphen hat nur wenige solche Anschlusspunkte in seiner Umgebung. Aber jeder kürzeste Weg von einem Knoten zu einem weit entfernten Knoten verläuft über einen der Anschlussknoten in der Umgebung des Startknotens und einen Anschlussknoten in der Umgebung des Zielknotens. {Es ist von vornherein keineswegs sicher, dass man für ganz Europa, die ganze Welt und angrenzende Planeten mit wenigen solcher Anschlussknoten auskommt.} Wenn es eine solche kleine Menge von Anschlussknoten für einen Graphen gibt, dann kann man darin sehr schnell kürzeste Wege berechnen auch für sehr, sehr große Straßengraphen. {Übrigens, wenn man tatsächlich für den ganzen Graphen mit einigen wenigen solcher Anschlussknoten auskommt, dann sagt man, der Graph habe eine geringe Autobahndimension – nein, man sagt es auf Englisch!} Die Straßen unseres Planeten haben eine »low highway dimension«.

Die drei Antworten

Ein Algorithmus ist ein Regelwerk zum Umformen von Zeichen. Er ist wie eine Maschine, die man auf eine beliebige Eingabe von Zeichen loslassen kann und dann hofft, dass sie sich irgendwann meldet und sagt, sie sei fertig. Oder auch nicht. Ein Blatt Papier, ein paar unterscheidbare Zeichen und einige Regeln, wie man über das Papier laufen und die Zeichen darauf lesen und umformen soll: Das nennt man eine Turingmaschine. Es ist das allgemeinste Modell für das Berechnen, das wir uns vorstellen können. Es ist der allgemeinste formale Begriff, den wir für Algorithmen kennen.

Alan Turing hat die Turingmaschine 1936 definiert. Er hat sie als allgemeines Modell für formales Schließen vorgeschlagen. Und das ist sie bis heute geblieben. Sie ist ein Beitrag zu dem maßgeblich von David Hilbert begründeten formalistischen Verständnis der Mathematik. Formalismus – also das Sich-Zurückziehen auf Umformungen von Zeichenfolgen – erscheint zunächst als ein Mangel. Es ist aber eine Stärke. Es ist die Stärke einer Schlussweise, die so klar, präzise und nachvollziehbar ist, dass man sie in einer Regel zur Umformung von Zeichen wiedergeben kann. {Eine Schlussweise, bei der das nicht geht, muss sich fragen lassen, warum sie nicht so klar und präzise und nachvollziehbar ist.}

Die Turingmaschine ist das Ja auf die Frage, ob es eine präzise Definition für Algorithmen gibt. Ist jeder Algorithmus eine Turingmaschine? Gibt es ein anderes Modell für Algorithmen, das mehr formale Schlussweisen umfasst? Es gibt viele sogenannte Rechnermodelle. Manche können genauso viel wie die Turingmaschine. Die nennt man *Turing vollständig*. Bisher hat niemand ein Modell gefunden, das mehr kann als die Turingmaschine. Es ist eine These, dass es ein solches breiteres Modell nicht geben kann, weil die Turingmaschine alles umfasst, was wir intuitiv als berechenbar ansehen. Das ist die sogenannte Churchsche These oder Church-Turing-These, nach Alonzo Church und Alan Turing.

Diese These wird man nie beweisen können, denn auf einer Seite ihrer Aussage steht der intuitive Begriff dessen, was berechenbar heißt. Man könnte diese These freilich widerlegen, wenn man eine Schlussweise findet, einen Algorithmus, der nicht als Turingmaschine formuliert werden kann. Das ist das erste Nein auf die Frage nach einer formalen Definition für Algorithmen. Wir wissen nicht, ob die Intuition vielleicht doch mehr umfasst, als die Turingmaschine abdeckt. Es ist nur eine These. Insofern ist der ursprüngliche Begriff des Algorithmus nicht die formale Definition der Turingmaschine, sondern unsere Intuition dessen, was berechenbar heißt.

Mehr noch: Wir haben bisher auch nichts in der Natur gefunden, das essenziell mehr berechnen könnte als das einfache Modell der Turingmaschine, die über ein Blatt Papier läuft und Zeichen umformt. {Und man hat wirklich nach Alternativen gesucht. Ameisen, Bakterien – man hat sogar Schleimpilze in Labyrinthe gesteckt, um sie kürzeste Wege berechnen zu lassen.} Die einzigen Phänomene, die anders rechnen als die Turingmaschine, stammen aus der Quantenphysik. Ein Quantencomputer funktioniert anders als die Turingmaschine und anders als unsere Vorstellung vom Berechnen. Aber dazu später.

Die Churchsche These ist eine eher philosophische Aussage, wie Ottmann und Widmayer sagen würden. Als Grund, diese These nicht in ihr Buch aufzunehmen, geben sie an, in ihrem Buch nur positive Aussagen über Algorithmen zu treffen. Das Lehrbuch vermittelt Algorithmen und Grundideen, wie man algorithmisch auf die Suche geht. Es trifft positive

Aussagen in dem Sinne, dass es über Einzelnes behauptet, es handle sich um einen Algorithmus. {Dafür reicht ein bisschen Intuition.} Ihr Buch trifft keine Aussagen darüber, was ein Algorithmus *nicht* ist und was ein Algorithmus *nicht kann.* Für die Aussage »*kein* Algorithmus kann Folgendes« braucht man eine Definition für *alle* Algorithmen. Die Turingmaschine ist so ein Begriff. In der Tat kann man zeigen, dass für bestimmte Problemklassen nicht alle Probleminstanzen von einer Turingmaschine gelöst werden können. Es gibt nicht-berechenbare Probleme. Klingt sehr beeindruckend. Ist einfacher, als man denkt. Aber auch dazu später.

Für die algorithmische Praxis wäre es noch interessanter zu zeigen, dass man viele Probleme zwar im Prinzip, theoretisch schon irgendwie, irgendwann mal ausrechnen könnte, aber in jeder noch so fortgeschrittenen Form des Rechnens praktisch nie mit einem Algorithmus wird lösen können. Im Prinzip sollte man auch diese Art der Aussage aus der Definition der Turingmaschine ableiten können. Aber die schlichte Allgemeinheit dieser Definition gibt bisher noch zu wenige Anhaltspunkte, als dass wir so etwas beweisen könnten. Die allermeisten Algorithmiker gehen davon aus, dass es eine solche praktische Grenze für Algorithmen gibt. Es zu beweisen, gehört zu den sieben Jahrtausend-Problemen der Mathematik – von denen bisher eines gelöst wurde. {Unter diesen sieben ist es wahrscheinlich dasjenige, das als Letztes offen bleiben wird.} Das ist das zweite Nein. Die Turingmaschine definiert, was ein Algorithmus ist. Aber diese Definition ist so allgemein, dass wir bisher nicht richtig fassen können, was sie definiert.

3. Wissenswertes über die algorithmische Schwerkraft

Komplexität als Grenze des Schlussfolgerns

Was heißt hier schwer?

Unlösbare Rätsel haben die Menschen schon immer fasziniert. Der eine denkt an den Gordischen Knoten oder die Sphinx vor Theben. Der andere fragt sich, ob dieses eine Level bei Super Mario überhaupt zu schaffen ist. Behauptungen über Grenzen für das Denken kitzeln unser intellektuelles Selbstbewusstsein. Es ist fast erstaunlich, dass die systematische Suche nach den Grenzen des Schlussfolgerns erst im 20. Jahrhundert begonnen wurde. Sie läuft unter dem Namen Komplexitätstheorie.

Komplexitätstheorie ist die Frage, wie viel Umstände es jeden Algorithmus, jedes präzise Schlussfolgern kostet, eine Frage zu lösen, weil dieser Aufwand nicht eine Schwäche des Algorithmus, sondern essenziell für das Problem ist. Die Komplexität eines Problems zu verstehen, geht Hand in Hand mit der Forschung an passenden Algorithmen. Wer versteht, was zu hoffen und was unmöglich ist, kann besser nach dem richtigen Algorithmus suchen.

Gibt es schwierige Fragen? Oder ist jede Frage nur eine Frage des Aufwands und des Genies, mit dem man sich ihr nähert? Sind manche Fragen in einem allgemeinen Sinn schwieriger als andere? Gibt es Fragen, die niemand herausbekommt – kein Genie, kein Algorithmus, kein Supercomputer? Gibt es eine Grenze, jenseits derer Rätsel unlösbar werden? Eine Grenze nicht nur hier und heute, nicht nur für mich als einzelnen Menschen, sondern für das, was ich tue, für mein Schlussfolgern?

Alexander der Große hat den Gordischen Knoten einfach mit dem Schwert durchschlagen. Das Rätsel hat er damit freilich nicht gelöst. Man kann das Papier schreddern, auf dem eine Frage steht. Die Frage bleibt. Das klingt nach intellektueller Hochnäsigkeit. Aber eine wirklich schwierige Frage formulieren zu können, etwas erschaffen zu können, das kein anderer lösen kann, ist eine äußerst praktische Fähigkeit. Darin liegt Macht.

Eine Frage reicht nicht!

Mit einer einzelnen schwierigen Frage kann man nicht viel anfangen. Die Sphinx vor Theben hatte eine einzige gute Frage. Nachdem Ödipus sie richtig beantwortet, stürzt sich die Löwenfrau in den Tod. {Was sollte sie sonst tun? Ihr waren die Fragen ausgegangen.} Was man wirklich haben will, ist ein Prinzip, um schwierige Fragen zu konstruieren. In unserem Zusammenhang ist mit einer Frage oder einem Problem stillschweigend immer eine unendliche Menge gleichartiger Fragen gemeint. Für ein Level in Super Mario kann man Freunde fragen oder im Netz nachschauen, ob und wie es geht. Aber mit den Bausteinen aus einem »Jump and Run« Spiel, den Hindernissen und den Power-ups, die man sammelt, um die Hindernisse zu überwinden, kann man immer neue und

Alexander der Große hat den Gordischen Knoten einfach mit dem Schwert durchschlagen. Das Rätsel hat er damit freilich nicht gelöst.

größere Level bauen. Das Problem, für ein beliebiges solches Level zu entscheiden, ob es für den Klempner einen Weg gibt, ist eine solche Fragenmenge.

Jede Fragenmenge dieser Art enthält Fragen in beliebiger Größe. Die kleinsten sind immer lösbar. {Einen guten Fahrplan für einen Zug und zwei Bahnhöfe bekommt man sicher hin.}

Größere Fragen zu lösen, ist immer aufwendiger. Das gilt auch bei einfachen Fragenmengen. Einen kürzesten Weg quer durch Europa zu suchen, ist aufwendiger, als dasselbe Problem für eine Stadt wie Erlangen zu lösen. Entscheidend für die Schwierigkeit der Fragenmenge ist, wie stark der Aufwand mit der Größe des Problems wächst. Bei richtig schwierigen Problemen explodiert dieses Wachstum.

Fragen sind schwierig, wenn sie nur durch Algorithmen gelöst werden können, deren Aufwand explosionsartig wächst. Das explosionsartige Wachstum verändert wesentlich das Kräfteverhältnis zwischen größeren Fragen und größeren Ressourcen zur Lösung der Frage. Einen optimalen Taktfahrplan für ein U-Bahn-Netz zu erstellen, ist ein schwieriges Problem. Trotzdem kann man das Problem zum Beispiel für die Berliner U-Bahn lösen. {Hat eine Stadt ein Dutzend Linien mehr, wird das Problem nicht 12-mal aufwendiger, sondern 1000 Milliarden Mal aufwendiger.} Darin liegt erstaunlicherweise etwas Beruhigendes. Super Mario ist auch ein schwieriges Problem. Wenn ich mit meinen bescheidenen Mitteln nicht in der Lage bin, ein Level, fachmännisch sagt man: eine Instanz, zu knacken, dann können Instanzen mit 40 Hindernissen mehr auch mit fantastilliardenfach stärkeren Mitteln nicht gelöst werden. {Auch nicht von der NSA.} Vor schwierigen Problemen sind wir auf lange Sicht alle gleich. Mit viel algorithmischem Geschick und starken Rechnern können Experten ein Stück weiter kommen als Laien. Aber massiv größere Instanzen sind auch für Experten praktisch unlösbar. Bei einer schwierigen Frage kann man mit wenig Aufwand die Frage so vergrößern, dass es praktisch unmöglich wird, die Lösung zu finden.

Schwierig heißt nicht unmöglich

Die erste Welle komplexitäts-theoretischer Resultate kam in den 1930er Jahren, insbesondere mit den Arbeiten von Kurt Gödel und Alan Turing. Gelegentlich werden diese Resultate als Privatinsolvenz der Formalwissenschaften gedeutet. Sie sind aber weder das eine noch das andere: weder ein Bankrott noch das Privatproblem eines wissenschaftlichen Spezialgebiets. Diese Resultate schärfen unser Verständnis dessen, was wir hoffentlich alle ab und an tun: präzise Schlussfolgerungen ziehen.

Einer der Sätze, die Alan Turing zu diesem Gebiet beigetragen hat, besagt, dass es unberechenbare Probleme gibt. {Es geht um exakt formulierbare Probleme mit klaren, unzweifelhaften Antworten.} Turings Satz besagt, dass es für manche dieser Probleme kein Verfahren gibt, um die Antworten zu finden. Der Grund für dieses und viele ähnliche Resultate liegt darin, dass die Mathematiker gelernt haben, zwischen verschiedenen Größen von Unendlich zu entscheiden. Es gibt sehr-unendlich-viele verschiedene Probleme (Mathematiker sagen: *überabzählbar* unendlich viele). Aber es gibt nur ein-bisschen-unendlich-viele verschiedene Turingmaschinen (die Mathematiker sagen: *abzählbar* unendlich viele). Die Probleme sind mehr als die Turingmaschinen. Also kann es nicht für jedes Problem die richtige Turingmaschine, den richtigen Algorithmus, die richtige Art des Schlussfolgerns geben. In diesem Sinne gibt es Fragen, die man nicht berechnen und damit nicht beantworten kann.

Die Existenz unberechenbarer Probleme rührt von den verschiedenen Größen der Unendlichkeit her. Wann immer man diese Probleme in eine endliche Realität zwingt, sind sie zwar nach wie vor unglaublich schwierig, aber nicht unberechenbar. Unberechenbare Probleme sind Mengen von Fragen, so dass es für einige Instanzen keinen Weg gibt, eine Lösung zu finden – auch keinen Weg, der sehr, sehr lange dauert und niemals praktisch beschritten werden könnte. Es gibt einfach keinen. {Das ist beeindruckend.} Aber eine Frage, die man gar nicht beantworten kann, ist keine schwierige Frage.

Es gibt noch ein paar andere, ganz einfache Varianten, eine Frage zu bauen, die niemand beantworten kann. Ich denke mir eine große Zahl aus und stelle die Frage: An welche Zahl denke ich? Niemand kann die Zahl auf Anhieb erraten. Das ist unsportlich. {Irgendwie ist das gar keine Frage, denn es gibt hier nichts, woraus man schlussfolgern könnte.} Selbst wenn jemand zufällig die richtige Zahl errät, kann man nicht behaupten, dass er die Frage *gelöst* hat. Er kann noch nicht einmal aus eigener Kraft wissen, dass er richtig liegt. {Ebenso wenig ist ein Lottogewinn ein Zeichen von Intelligenz.} Wir wollen Fragen, bei denen man etwas herauszufinden kann!

Noch eine Variante praktischer Unlösbarkeit ist unsportlich. Zum Beispiel eine Frage, deren Antwort länger ist, als du oder dein Rechner schreiben können. Du sagst mir, wie viele Stellen du höchstens als Antwort schreiben kannst, und ich frage dich, was 4711 hoch diese Zahl ist. Die Frage ist relativ kurz, aber die Antwort zu geben, braucht mindestens viermal so lang, wie du beim Antworten durchhältst. {Auch kein gutes Rätsel.} Wir wollen kurze Fragen mit kurzen Antworten, die man im Prinzip herausfinden kann.

Um diese Art von schwierigen Fragen geht es seit den

1960er Jahren in einer zweiten, sehr viel größeren Welle von Komplexitätsresultaten zur praktischen Berechenbarkeit. Ein gutes Rätsel geht so: Du gibst mir das Rätsel. Ich schaue es mir an. Ich grüble. Ich kann es beim besten Willen nicht lösen. Dann zeigst du mir die Lösung oder gibst mir einen Tipp, und ich sage: Ja klar, richtig! Das hätte ich gleich sehen sollen. {Hast du aber nicht!} Und darin liegt der Witz des Rätsels. Nicht die Antwort soll schwierig sein, sondern der Weg, um die Antwort zu finden. Eine Frage, bei der du im Nachhinein ewig erklären musst, warum das die richtige Antwort ist, gibt kein gutes Rätsel.

Bei einem guten Rätsel steht alles Relevante auf einen kleinen Zettel geschrieben. Die Antwort kann man still und leise dazukritzeln und sich dann wieder verkriechen. Wer den Zettel findet, wird sofort erkennen, dass die Antwort richtig ist. Ist die Antwort einmal da, ist sie leicht einzusehen. Ist sie nicht da, ist sie schwer zu finden. Deswegen kann man gute Rätsel auch kaputtmachen, indem man die Antwort verrät. Gute Rätsel sind kurze Fragen mit kurzen Antworten, für die es nur lange Wege gibt, um die Antwort zu finden, aber einen kurzen Weg, um eine richtige Antwort zu verifizieren. Wie kann man solche Fragen bauen?

Explosionen im Kleiderschrank

Erst einmal brauchen wir Platz für das explosionsartige Wachstum. Wir brauchen einen Typ von Fragen, die trotz ihrer Kürze sehr vielfältig sind. Nehmen wir eine Frage, die bestimmt schwierig ist: Was soll ich heute anziehen? Lily

LILY   HARALD

Eine wirklich schwierige Frage: Was soll ich heute anziehen?

und Harald stellen sich diese Frage vor ihren Kleiderschränken. Beide Schränke enthalten jeweils 10 Kleidungsstücke. In Lilys Kleiderschrank gibt es 5 verschiedene Kleider und 5 verschiedene Paar Schuhe. In Haralds Schrank gibt es nur schwarze und weiße Kleidungsstücke: Schuhe, Socken, Hosen, Hemden und Jacken, alles jeweils einmal in Schwarz und einmal in Weiß. Für wen von beiden ist die Frage schwieriger zu beantworten?

Wenn Lily morgens entscheidet, was sie anzieht, muss sie aus 5 mal 5, also 25 verschiedenen Kombinationen von Kleid und Schuhen wählen. Harald muss sich nur zwischen den weißen und den schwarzen Socken und dazu zwischen den schwarzen und den weißen Schuhen entscheiden. Das sind 4 mögliche Kombinationen. Dazu kommen 4 Kombinationen aus Hose und Hemd, insgesamt also 4 mal 4, sprich 16 Kombinationen – dazu jeweils entweder die schwarze oder die weiße Jacke, macht 32 verschiedene Möglichkeiten für Harald, um sich anzuziehen wie ein Schachbrett.

10 Kleidungsstücke sind wenig. Haben beide 20 Stücke im Schrank, heißt das für Lily 10 Kleider und 10 Paar Schuhe. Harald hat dann zusätzlich Krawatte, Hut, Gürtel, Handschuh und Schnürsenkel jeweils einmal in Weiß und einmal in Schwarz. Das sind 10 mal 10, sprich 100, verschiedene Outfits für Lily, aber 2 hoch 10, sprich 1024, Kombinationen für Harald. Bei 40 Kleidungsstücken im Schrank hat Lily 20 mal 20, also 400 Kombinationen, und Harald 2 hoch 20, also etwa 1 Million.

Die Größe des Kleiderschranks ist die Länge der Frage – die Eingabelänge. Sie ist bei beiden gleich. Wenn wir annehmen, dass sich die Frage »Was soll ich heute anziehen?« nur beantworten lässt, indem man alle Kombinationen durchprobiert, wächst der Aufwand für Harald explosionsartig mit der Größe des Kleiderschranks, während Lilys Aufwand nur moderat größer wird. Mathematisch ausgedrückt wächst sein Aufwand exponentiell und ihr Aufwand quadratisch. {»Exponentiell in irgendetwas« meint »hoch irgendetwas«. »Quadratisch in irgendetwas« meint »irgendetwas hoch 2«.} Lily muss nur zwei große Entscheidungen treffen. Harald trifft viele kleine Entscheidungen. Viele Entscheidungen treffen zu müssen, ergibt eine explosionsartig, also exponentiell wachsende Anzahl an Gesamtentscheidungen. {Genau der Sprengstoff, den wir brauchen!}

Warnung vor kombinatorischen Spielsachen!

Reden wir kurz über Rechenpower: Sind wir großzügig und nehmen an, jedes Atom unseres Planeten wird in einen Superrechner verwandelt. Die rechnen dann, bis die Sonne die Erde verglüht – so in etwa 10 Milliarden Jahren. Setzen wir das zu der Größenordnung des Fahrplanproblems in Relation. Ein Großteil der Menschen, die in Berlin die U-Bahn benutzen, muss umsteigen, um das Ziel zu erreichen. Die Zeit, die eine U-Bahn von Station zu Station braucht, liegt nahezu fest. Zeit verliert man beim Umsteigen, wenn die Linien schlecht aufeinander abgestimmt sind. Die Anzahl der verschiedenen Möglichkeiten, die Linien der Berliner U-Bahn miteinander abzustimmen, ist in der Größenordnung der Anzahl der Atome unseres Planeten. Für ein Verkehrssystem mit doppelt so vielen Linien gibt es Anzahl der Atome *mal* Anzahl der Atome viele Möglichkeiten. Will man S-Bahn und Bus in Berlin und Brandenburg hinzunehmen, sind es über zehnmal so viele Linien. Anzahl der Atome der Erde hoch 10? {Gegen die Wucht der kombinatorischen Explosion ist auch die fantastischste Rechenpower ein Reizhusten.}

Weil kombinatorische Probleme so schön knallen, gehören sie zu den Lieblingsspielsachen von Algorithmikern und Komplexitätstheoretikern. In einer besonders beliebten Ecke des hiesigen Spielwarenladens stehen Probleme mit Netzwerken. Zum Beispiel die Party-Clique: Du möchtest eine möglichst große Party mit deinen Freunden feiern. Leider mögen sich nicht alle. Stell dir deinen Freundeskreis als ein Netz vor. Die Knoten sind deine Freunde. Zwei Freunde sind mit einer Kante verbunden, wenn die beiden sich hinreichend gut verstehen, um auf dieselbe Party zu kommen. Eine Teilmenge der Knoten, in der alle paarweise miteinander verbunden sind, nennt man – mathematisch – eine Clique. Das mathematische Problem namens Clique besteht darin, in einem gegebenen Netz die größte Clique zu finden. Du suchst aus der Menge aller deiner Freunde eine Teilmenge aus. Probleme, bei denen man eine Teilmenge – also eine Kombination von Elementen einer Grundmenge – aussucht, nennt man kombinatorische Probleme. Clique ist eines der grundlegenden kombinatorischen Probleme der Algorithmik und der Komplexitätstheorie. Die Geschichte mit der Party ist ein Klassiker, aber sicher keine reale Anwendung. {Viele kombinatorische Probleme sehen eher wie Sandkastenprobleme aus und nicht wie relevante Fragestellungen.} In Wahrheit haben es diese Probleme faustdick hinter den Ohren. Aber dazu später.

Es gibt einen großen Unterschied zwischen Haralds Kleidungsproblemen und deiner Partyplanung. Er hat keine andere Möglichkeit, seine Frage zu beantworten, als alles durchzuprobieren. Deshalb explodiert sein Aufwand, eine Lösung zu finden. Bei der Auswahl der Gästeliste kannst du vielleicht das Netzwerk zu Hilfe nehmen. Das Netz gibt dem Problem Struktur. Anstatt alle Kombinationen durchzuprobieren, könnte ein Algorithmus eventuell diese Struktur nutzen, um mit geringerem Aufwand eine Gästeliste zu finden.

Das Kürzeste-Wege-Problem ist auch ein kombinatorisches Problem: Wähle aus der Menge aller Straßenkanten diejenigen aus, die einen Pfad bilden, der dich am schnellsten zum Ziel bringt. Kürzeste Wege sind kein schwieriges Problem. Das kann dein Navi, können diverse Webseiten, kann dein Smartphone. Aber wie steht es mit Folgendem: Du holst dein Kind

Warum ein Auto nicht mehr als 7 Sitze haben sollte …

vom Geburtstag ab und nimmst noch fünf andere mit. In welcher Reihenfolge fährst du sie nach Hause, um möglichst wenig herumzufahren? Man nennt es das Problem des Handlungsreisenden, das Traveling-Salesperson-Problem, kurz TSP. Es gibt Karten- und Routingwebseiten, die das Problem für fünf oder sechs Zwischenziele optimal lösen. Aber für 20 Ziele geben sie auf. {Das sieht so aus, als würde da etwas kombinatorisch explodieren.} Gibt es einen Algorithmus, der die Struktur des TSP nutzt, um ähnlich effizient zu sein wie der Dijkstra? In welchen Problemen explodiert der kombinatorische Sprengstoff und wann kann ein Algorithmus ihn entschärfen?

Eine Geburtsurkunde

Algorithmen sind wie Blickwinkel auf Probleme. Wenn wir das Sortieren von Büchern als die Aufgabe verstehen, nacheinander ein ums andere Mal das alphabetisch erste verbleibende Buch einzustellen, dann erscheint das Sortieren als ein viel aufwendigeres Problem, als wenn wir darin das Zusammenfügen von vorsortierten Teilen erkennen. Ein Problem ist wie ein Gebäude mit Säulen, Wänden und Toren. Im richtigen Winkel betrachtet, fügt sich das Verworrene in eine perfekte Ordnung. Solange wir für Clique oder TSP keinen Algorithmus kennen, der essenziell besser ist als durchzuprobieren, sind es strukturlose Probleme. Könnte es sein, dass manche Probleme unter keinem Blickwinkel strukturiert erscheinen? Der Aufwand, um sie zu lösen, wäre dann nicht die Sache des gewählten Blickwinkels oder des Algorithmus, sondern eine Eigenschaft des Problems selbst, seine Komplexität.

Schwierige Probleme sind für uns bisher solche, für die *jeder* Algorithmus exponentiellen Aufwand hat. Eine andere Sicht auf schwierige Probleme ist, dass wir in ihrer Struktur keinen Ansatzpunkt finden können, um etwas wesentlich Besseres zu tun, als durchzuprobieren. Diese Sicht äußerte zuerst Kurt Gödel in einem Brief an John von Neumann. Dieser Brief vom März 1956 ist die Geburtsurkunde der zweiten Komplexitätstheorie. Gödel schreibt:

Es wäre interessant zu wissen, wie es damit z. B. bei der Feststellung, ob eine Zahl Primzahl ist, steht und wie stark im Allgemeinen bei finiten kombinatorischen Problemen die Anzahl der Schritte gegenüber dem bloßen Probieren verringert werden kann.

Gödel fragt nach kombinatorischen Problemen und insbesondere nach dem Primzahlproblem. Das Primzahlproblem hat die Aufgabe zu erkennen, ob eine Zahl keine Teiler außer 1 und sich selbst hat. Gibt es hierfür einen Algorithmus, der wesentlich schneller ist, als alle kleineren Zahlen durchzuprobieren? Klar, man muss nur bis zur Hälfte der Zahl gehen, weil keine Zahl einen echten Teiler haben kann, der größer als ihre Hälfte ist. Man muss sogar nur bis zur Wurzel der Zahl gehen, denn wenn die Zahl nicht prim ist, sondern echte Teiler hat, dann ist mindestens ein Teiler kleiner oder gleich der Wurzel. Aber effizient ist der Algorithmus damit immer noch nicht.

Für das Primzahlproblem wurde vor etwas mehr als zehn Jahren tatsächlich ein effizienter Algorithmus gefunden. {Richtig schnell ist der übrigens nicht: Eingabegröße hoch 12.} Für das ganz eng verwandte Problem namens Faktorisierung, also alle Primteiler zu bestimmen, kennt man noch keinen effizienten Algorithmus. Und das ist auch gut so, denn auf der Schwierigkeit von Faktorisierung beruht die vielleicht wichtigste Verschlüsselungstechnik unserer Zeit. Sehr interessant. Aber dazu später.

Die Regeln des guten Geschmacks

Unser Mann vor dem Kleiderschrank hat bisher überhaupt keine Chance, etwas anderes zu tun, als alle Outfits durchzuprobieren. Er kennt keinerlei Regeln oder Formeln, nach denen er beurteilen könnte, was geht und was nicht. Wir wissen noch nicht einmal, wie er beim Durchprobieren entscheidet, ob ein Outfit gut ist. Das ist nicht die Art von Rätsel, die wir suchen.

Vielleicht gibt es ja Regeln oder Formeln für gute Kleidung, sozusagen einen Vertrag mit dem guten Geschmack. So eine Formel besteht aus einer Menge von Vertragsklauseln, die man alle einhalten muss. Eine Klausel könnte lauten: »Keine weißen Socken, es sei denn, entweder die Hose oder die Schuhe sind auch weiß.« Ich darf das mal kurz umformulieren: »Die Socken sind schwarz oder die Schuhe sind weiß oder die Hose ist weiß.« Die beiden Klauseln bedeuten dasselbe. Die zweite ist nur eine aufgeräumte Variante der ersten: Sie besteht aus einzelnen Anweisungen für je ein Kleidungsstück. Diese Minianweisungen heißen Literale. Alle Literale in einer Klausel sind – so wie ich sie aufgeräumt habe – durch ein logisches Oder miteinander verbunden. Das logische Oder unterscheidet sich vom allgemeinen Oder dadurch, dass es wirklich nur »oder« bedeutet und nicht gleich »entweder – oder«. Man darf also durchaus weiße Schuhe und schwarze Socken anziehen. {Zumindest verletzt man damit nicht die Klausel oben.}

Angenommen, eine Autorität auf dem Gebiet der Mode verrät ihre Formel für guten Geschmack in der aufgeräumten Form. Du bekommst eine Reihe von Klauseln, die alle erfüllt werden müssen. In jeder Klausel steht eine Reihe von Literalen, von denen immer mindestens eines erfüllt werden muss. Jetzt musst du damit herausfinden, was du anziehen sollst. Gibt es überhaupt ein Outfit, das alle Klauseln erfüllt? Das ist das Erfüllbarkeitsproblem, Satisfiability oder kurz SAT. Es ist wahrscheinlich das bekannteste Problem der Komplexitätstheorie.

SAT wird nur ein kleines bisschen anders erklärt: statt »schwarz« heißt es »wahr«, statt »weiß« heißt es »falsch«. {»Heute ziehe ich die wahre Hose an« klingt etwas überspannt.} Anstatt von Kleidungsstücken spricht man dann von Variablen. Eine Variable kann auf »wahr« oder »falsch« gesetzt werden. {So wie ein Kleidungsstück entweder schwarz oder weiß ist.} Ein gelungenes Outfit heißt eine erfüllende Belegung der Variablen. Ansonsten ist alles, wie wir es beschrieben haben: Formel, Klauseln, Literale.

Für einige Formeln kann man sicher leicht entscheiden, ob es ein erfüllendes Outfit gibt und wie es aussieht. Besteht die Formel zum Beispiel nur aus der Klausel mit den weißen Socken, könnte jeder ein erfüllendes Outfit finden. {Und wie vielen wäre dadurch schon geholfen.}

Worauf man die Einheimischen nicht ansprechen darf

Ein Algorithmus muss für alle SAT-Formeln die Erfüllbarkeit erkennen können. Natürlich kann man alle Outfits durchprobieren. Das wäre ein Algorithmus, der das Problem löst. {So weit waren wir schon.} Aber lässt sich die Struktur der Kleiderformeln für einen effizienten Algorithmus nutzen? Gibt es einen effizienten Algorithmus, um zu erkennen, ob eine SAT-Formel eine erfüllende Belegung hat? Diese Frage macht Mathematiker verlegen. Keiner kann sie beantworten. Dabei ist es die berühmteste Frage der Komplexitätstheorie.

Gibt es einen effizienten Algorithmus für SAT? Wir kennen bisher keinen – obwohl die Frage schon lange offen ist. Es gab und gibt wirklich sehr kluge Leute, die darüber nachgedacht haben. Wären es nicht Mathematiker, die sich diese Frage stellen, so würden sie einfach sagen: Wir wissen, dass es einen derartigen Algorithmus nicht gibt und nicht geben kann. Das Erste stimmt, das Zweite glaubt fast jeder Algorithmiker. Bewiesen ist es nicht. Und es sieht nicht danach aus, als könnte man es bald beweisen. Es hat den Anschein, dass die geeignete Methode fehlt, um einen solchen Beweis zu führen.

Weil die Frage mit SAT schon so lange offen ist und doch keiner glaubt, es gäbe einen effizienten Algorithmus, hat man etwas getan, was Mathematikern sehr peinlich ist. Man hat es als unbewiesene Vermutung akzeptiert, dass es keinen effizienten Algorithmus für SAT gibt. Eine Vermutung müsste an sich niemandem peinlich sein. Aber man hat mit ihr weitergearbeitet. Es gibt zahllose Resultate, die nur gelten, wenn diese Vermutung gilt. Fast jeder Algorithmiker hat schon einmal so ein Resultat bewiesen. {Das ist, wie Venedig in den Sumpf zu bauen. Man steckt einen Baumstamm in den Schlamm und sagt: Angenommen, der hält. Dann baut man darauf sein Haus und weiß, dass es hält – falls der erste Baumstamm hält.}

Die Vermessung des Planeten

Komplexitätstheorie ist schwierig. {Das liegt an ihrer negativen Grundhaltung.} Sie will beweisen, dass etwas nicht einfacher geht. Sie gibt sich nicht damit zufrieden, den einen oder anderen Algorithmus zu analysieren. Sie will etwas über *alle* denkbaren Algorithmen, über *jede mögliche* Art des exakten Schlussfolgerns aussagen. Das ist ambitioniert und gelingt selten. Bei SAT hat es bisher nicht geklappt. Es geht ja auch um sehr viel. Es geht um die Grenzen unseres Denkens.

Was tut diese Wissenschaft, um die Grenze unseres Denkens zu erforschen? Sie misst. Sie würde gerne messen, wie schwierig ein Problem ist. Meistens kann sie nur messen, ob

Problem 1 mindestens so schwierig ist wie Problem 2. Der einfachste Fall, in dem Problem 1 mindestens so schwierig ist wie Problem 2, ist, wenn Problem 2 ein Spezialfall von Problem 1 ist.

Zum Beispiel folgende beiden Probleme: SAT und 3SAT. Letzteres ist der Spezialfall von SAT {»Die Formel für guten Geschmack in einer aufgeräumten Form«}, wobei in jeder Klausel höchstens drei Literale vorkommen. }»Die Socken sind schwarz oder die Schuhe sind weiß oder die Hose ist weiß.«} Klar, SAT ist mindestens so schwierig wie 3SAT. Die Menge aller SAT-Instanzen enthält schließlich die Menge aller 3SAT-Instanzen. Komplizierter ausgedrückt: Wenn ich einen Algorithmus für SAT habe, dann kann ich jede Instanz von 3SAT lösen. Etwas genauer und noch komplizierter: Wenn ich einen Algorithmus für SAT habe, dann kann ich mit nur polynomialem Zusatzaufwand jede Instanz von 3SAT lösen. Polynomial heißt grob gesprochen, dass der Aufwand nicht explodiert.

Also ist die Komplexitätstheorie die Kunst, besonders kompliziert auszudrücken, was ein Spezialfall ist? In der Hauptsache: Ja. Die häufigste Art von Ergebnissen in der Komplexitätstheorie sind sogenannte Reduktionen. Man reduziert Problem 1 auf Problem 2. Kurz, man zeigt: Wenn ich einen Algorithmus für Problem 2 habe, dann kann ich mit nur polynomialem Zusatzaufwand jede Instanz von Problem 1 lösen. Die einfachste Reduktion ist, einen Spezialfall auf den allgemeinen Fall zu reduzieren. {In so einem Fall ist die Reduktion trivial, aber auch nicht-triviale Reduktionen funktionieren wie diese Idee.}

Mit diesem Prinzip vermisst die Komplexitätstheorie die

relative Schwierigkeit der Probleme und kartografiert so den Planeten der Algorithmen: Sie sortiert die Probleme nach ihrer Schwierigkeit. Kann ich Problem 1 auf Problem 2 reduzieren, dann ist Problem 2 mindestens so schwierig wie Problem 1. Problem 1 steckt in Problem 2 drin wie eine kleine Matroschka-Puppe in der nächstgrößeren.

Hier kommt ein etwas schwierigeres Beispiel für eine Reduktion: In einer Firma wird jedes Projekt von genau zwei Mitarbeitern bearbeitet. Es soll eine Besprechung aller Projekte geben. Damit es nicht ausufert, sollen so wenige wie möglich an der Besprechung teilnehmen. Trotzdem muss man sicherstellen, dass von jedem Projekt mindestens ein Mitarbeiter anwesend ist. Wir können uns das als ein Netzwerk vorstellen. Die Knoten sind die Kollegen, und die Kanten sind die Projekte. Wir suchen für die Besprechung eine Teilmenge der Kollegen, so dass für jede Kante mindestens einer dabei ist. Man nennt das eine Knotenüberdeckung der Kanten.

Wir reduzieren das Knotenüberdeckungsproblem auf das Cliqueproblem. Und das geht so: Zunächst drehen wir das Netzwerk um. Wir schmeißen die alten Kanten weg und verbinden genau die Paare von Mitarbeitern, die kein Projekt gemeinsam haben. Jetzt suche ich in diesem Netzwerk die größte Clique. Und alle Mitarbeiter, die nicht in dieser Clique sind, werden zu der Besprechung eingeladen. Damit ist jedes Projekt vertreten, denn es gibt kein Projekt, für das beide Mitarbeiter in dieser Clique sind. Knotenüberdeckung ist also ein Spezialfall von Clique.

Wenn man ein algorithmisches Problem angeht, lohnt es sich meist zu fragen, welche anderen Probleme sich auf das neue Problem zurückführen lassen. Durch diese Reduktion erfährt man, wie schwierig das neue Problem mindestens ist, und was man sich algorithmisch erhoffen darf.

SAT oder 3SAT mit ihren logischen Ausdrücken lassen sich besonders gut in Reduktionen verwenden. Man kann zum Beispiel zeigen, dass Super Mario und einige andere gängige Spiele mindestens so schwierig sind wie 3SAT. Man muss dafür aus jeder 3SAT-Formel ein Super-Mario-Level basteln, so dass der Klempner Mario genau dann einen Weg von links nach rechts durch den Parcours hat, wenn die Formel erfüllbar ist. Jede Klausel wird durch drei übereinander angeordnete Hindernisse dargestellt. Das sind die drei Literale der Klausel. Eines der drei muss Mario passieren können, um weiterzukommen. Dafür muss er vorher die richtigen Power-ups besorgt haben, sprich die entsprechende Variable passend belegt haben. {Er muss Strümpfe in der richtigen Farbe tragen.} Man kann auch zeigen, dass TSP, Clique und Knotenüberdeckung mindestens so schwierig sind wie SAT.

Die echten Komplexitäts-Matroschkas unterscheiden sich von denen aus dem Souvenirshop durch einen besonderen Trick: Manchmal passt eine große Matroschka wieder in eine kleine. Wenn die große wieder in die kleine passt, sind offensichtlich beide Fragen gleich schwer. Wer sich die Sache mit der Firmenbesprechung noch einmal genau überlegt, erkennt, dass man zwischen Clique und Knotenüberdeckung in beide Richtungen reduzieren kann: Clique ist mindestens so schwierig wie Knotenüberdeckung und umgekehrt. Man kann auch zeigen, dass sich jede SAT-Instanz als 3SAT-Instanz umschreiben lässt. Man kann aus jeder Kleiderformel

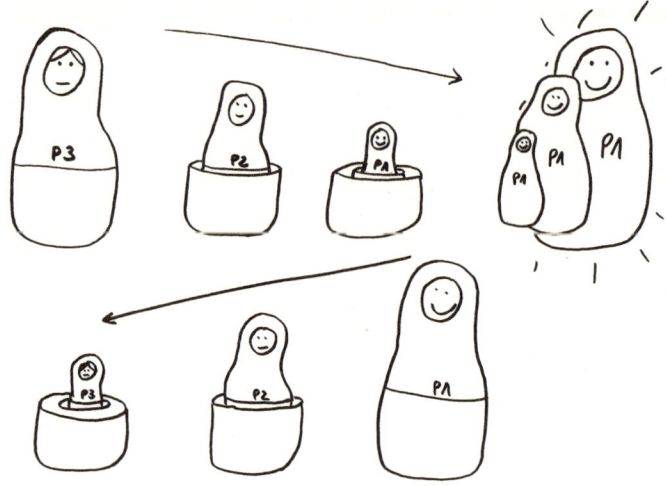

Echte Komplexitäts-Matroschkas unterscheiden sich von denen aus dem Souvenirshop: Manchmal passt eine große Matroschka wieder in eine kleine.

eine Kleiderformel mit ausschließlich Dreierklauseln machen, so dass beide Formeln genau die gleichen Outfits zulassen. {Für Zahlenmystiker: Mit 2SAT geht das wahrscheinlich nicht. Für 2SAT gibt es einen einfachen und effizienten Algorithmus. Wenn man also jede SAT-Formel als 2SAT-Formel ausdrücken könnte, wäre auch SAT effizient lösbar. Und die Algorithmiker dieser Welt in Schockstarre.}

Bitte auf den Wegen bleiben!

Die Komplexitätstheorie teilt die Landschaft der Probleme in Komplexitätsklassen ein. Komplexitätsklassen sind Vegetationszonen für Algorithmen. Die beliebteste Vegetationszone, unten am breiten Fluss, bilden die Probleme, für die es einen polynomialen Algorithmus gibt. Die Klasse heißt P. {P gleich polynomial. Sprich: Nichts explodiert.}

Und dann gibt es die verschiedenen Gebirgszonen, wo die Luft für polynomiale Algorithmen wahrscheinlich zu dünn wird. Es gibt ein paar Komplexitätsklassen, die so hoch liegen, dass man beweisen kann, dass keine effizienten Algorithmen oder sogar gar keine Algorithmen an diese Probleme herankommen. Dort finden sich die eingangs erwähnten nicht berechenbaren Probleme. Aber das sind schon sehr, sehr schwierige Probleme. Sicher eine faszinierende Region des Planeten, aber nicht die interessanteste in praktischer Hinsicht. Wir steigen jetzt auf in die wohl berühmteste Bergregion des Planeten, die Klasse NP.

Ein technisches Detail muss erwähnt werden, bevor wir diese Bergtour beginnen: Der komplexitätstheoretisch am besten erschlossene Teil des Planeten besteht nur aus sogenannten Entscheidungsproblemen. Das sind Fragen, die man mit Ja oder Nein beantworten kann.

– Was ist der kürzeste Weg? – Kein Entscheidungsproblem.
– Gibt es einen Weg von A nach B, der nicht länger als 12 Kilometer ist? – Entscheidungsproblem.
– Was ist die größte Clique unter meinen Freunden? – Kein Entscheidungsproblem.
– Gibt es unter ihnen mindestens sechs Leute, die sich alle riechen können? – Entscheidungsproblem.

Das mag jetzt für viele wie eine Enttäuschung klingen: einfach nur Entscheidungsprobleme. {Wir hatten doch den ganzen Planeten gebucht!} Es ist aber nicht mehr als die Bitte, auf den ausgewiesenen Wegen zu bleiben. Wenn man die Entscheidungsprobleme versteht, lernt man auch fast alles andere auf dem Planeten kennen.

Die Vegetationszone der guten Rätsel

Die für uns interessanteste Klasse ist NP. NP gleich nicht-polynomial? Fast: NP gleich nicht-deterministisch polynomial, also sehr wohl polynomial, aber eben nicht-deterministisch. {Klingt, als wäre es für Touristen zu gefährlich, ist aber ganz harmlos.} NP ist die Region, wo die guten Rätsel zu finden sind.

Ein gutes Rätsel hat wie oben gesehen folgende Eigenschaft: Wenn mir jemand den richtigen Tipp gibt, zum Beispiel die Lösung verrät, dann kann ich sofort erkennen, dass es stimmt. Zugegeben, »sofort erkennen« ist übertrieben: Man sagt, ein Entscheidungsproblem liegt in NP, wenn es einen polynomialen Algorithmus und für jede Ja-Instanz ein Zertifikat, einen Tipp, gibt, mit dessen Hilfe der Algorithmus die Instanz lösen kann. Wenn man den Tipp einfach durch Glück richtig rät, kann man also jedes Problem in NP polynomial lösen. {Aber man braucht ziemlich viel Glück.} Deswegen heißt die Klasse nicht-deterministisch, also mit Glück, polynomial. Ein Beispiel: Für die Frage, ob es unter meinen Freunden eine Clique mit mindestens sechs Leuten gibt, kann man bei cincr Ja-Instanz einfach die sechs Leute benennen und schnell überprüfen, dass sie sich alle miteinander verstehen. Also liegt Clique in NP. Das Gleiche gilt für die Entscheidungsprobleme von TSP oder Knotenüberdeckung. Wie ist das mit der Entscheidungsvariante vom Kürzesten-Wege-Problem? Es gibt einen Verifikationsalgorithmus, um dieses Problem zu lösen. Der Verifikationsalgorithmus kann einfach ohne jeden Tipp loslegen und herausfinden, ob es einen Weg mit höchstens 12 Kilometern Länge gibt. Kurz: Jedes Problem, das mit einem polynomialen Algorithmus gelöst werden kann, liegt automatisch in NP. Das sanfte Tal P ist also Teil der Bergregion NP.

Die Nordwand und die höchsten Gipfel von NP

Bei Problemen aus NP kann man für jede Ja-Instanz einen Tipp geben, mit dem man leicht nachweisen kann, dass es tatsächlich eine Ja-Instanz ist. Was macht man denn mit den Nein-Instanzen? Womit kann man schnell nachweisen, dass die Antwort auf die Frage »Gibt es unter meinen Freunden eine Clique mit mindestens sechs Leuten?« Nein lauten muss?

Angenommen, die größte Clique besteht aus fünf Freunden. Dann könnte der Tipp diese Clique sein. Man kann schnell überprüfen, ob es eine Clique ist. Aber wie soll man feststellen, dass es keine größere gibt? Wahrscheinlich muss man, um nachzuweisen, dass es keine Clique mit mindestens sechs Leuten gibt, alle Gruppen mit sechs Leuten durchprobieren. Mit anderen Worten, es gibt wahrscheinlich kein Zertifikat für Nein-Instanzen von Clique. Genauso steht es um TSP und viele andere Probleme in NP. Ja und Nein sind für diese Probleme nicht austauschbar.

Für das Kürzeste-Wege-Problem und jedes andere Problem in P besteht dieser Unterschied nicht. Es gibt einen schnellen Algorithmus, um verlässlich den kürzesten Weg zu be-

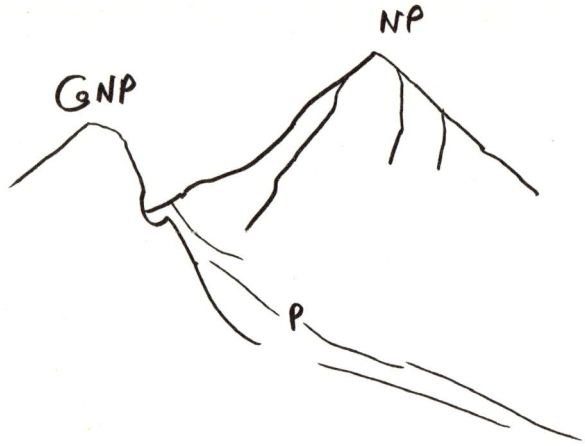

Die Nordwand der Mathematiker: Klingt als wäre das für Touristen zu gefährlich ...

stimmen. Deshalb kann man sogar ohne Tipp, ohne Zertifikat prüfen, ob es sich um eine Ja- oder eine Neininstanz handelt. Die Klasse der Probleme, bei denen für jede Neininstanz ein Zertifikat existiert, nennt man CoNP. Die Landschaft sieht dann so aus: Auf der einen Seite ragt NP in die Höhe und geht bis hinunter ins Tal P. Auf der anderen Seite steht die Nordwand von CoNP, zu der P ebenfalls gehört. P liegt im Schnitt von NP und CoNP.

Was ist eigentlich so wichtig an SAT? {Haben Mathematiker wirklich ein Problem morgens vor dem Kleiderschrank?} Wenn man sich die Reduktionen anschaut, die wir bisher angedeutet haben, dann ist SAT oder 3SAT einfacher als alle Probleme in NP, die wir bisher gesehen haben und die nicht in P liegen. Der Kanadier Stephen Cook hat 1971 gezeigt, dass *kein* Problem in NP schwieriger ist als die Kleidungsregeln. {Manchmal, ganz selten, gelingt doch einer dieser sehr allgemeinen Sätze über *alle* Algorithmen, *alle* Probleme oder zumindest *alle Probleme einer Komplexitätsklasse*.} SAT ist eines der schwierigsten Probleme in NP.

Dieser Satz hat das Kartografieren in NP vollkommen verändert. Wenn man zeigen will, dass ein bestimmtes Problem mindestens so schwierig ist wie alle Probleme in NP, dann hätte man vor Cook irgendwie in den Beweis *alle* Probleme in NP packen müssen. {Wie soll das gehen? Es gibt unendlich viele davon. Wir kennen nur eine mickrige Auswahl.} Mit dem Satz von Cook ist das Spiel ein anderes geworden. Wenn ich zeige, dass mein Problem mindestens so schwierig ist wie SAT, dann heißt das {*Cook sei Dank!*}, dass es mindestens so schwierig ist wie jedes Problem in NP. Durch den Satz von Cook wissen wir von *einem* Gipfel, dass nichts in NP ihn überragt. Von nun an müssen wir uns nur noch auf diesen Gipfel beziehen, wenn wir über die schwierigsten Probleme in NP reden wollen. Seit dem Satz von Cook können wir von der »Klasse der schwierigsten Probleme in NP« reden.

Die genaue Sprechweise ist etwas gewöhnungsbedürftig. Dass ein Problem NP schwer ist, heißt, es ist *mindestens so schwierig* wie jedes andere Problem in NP. Es kann aber auch *noch viel schwieriger* sein und oberhalb von NP liegen. Wenn ein NP-schweres Problem selbst in NP liegt, gehört es zum Club der schwierigsten Probleme in NP. Man sagt, es ist NP-vollständig. In NP sind nur Entscheidungsprobleme. Also zum Beispiel die Frage: Gibt es eine erfüllende Belegung für eine gegebene SAT-Formel? Die Frage nach der erfüllenden Belegung selbst ist keine Ja-Nein-Frage, also nicht in NP. Aber diese Frage ist NP-schwer.

Viel spannender als die Vokabelstunde ist, wie Cook das

geschafft hat. Wie konnte er etwas über alle Probleme in NP beweisen? Cook hat getan, was Mathematiker gerne tun: Erst einmal genau zuhören, was gefragt ist. Wir wissen nämlich doch etwas über *alle* Probleme in NP. Nämlich, dass sich ihre Ja-Instanzen mit einem Tipp in polynomialer Zeit lösen, fachsprachlich: verifizieren, lassen. Es gibt also einen polynomialen Algorithmus für so ein Problem. Und der ist natürlich eine Turingmaschine. Nur dass diese Turingmaschine nicht sofort das Problem lösen kann, sondern noch den richtigen Tipp braucht. Cook zeigt, dass man das Verhalten einer polynomialen Turingmaschine unter allen denkbaren Tipps durch eine SAT-Formel imitieren kann.

SAT ist eigentlich ein Problem. Aber Cook benutzt SAT als einen Algorithmus. Einen Algorithmus, der den Verifikationsalgorithmus für sämtliche möglichen Tipps durchspielt. Das sind natürlich exponentiell viele Tipps. {Aber Haralds Kleiderschrank ergibt ja auch exponentiell viele Outfits.} Für die Frage, ob irgendein Outfit, irgendeine Belegung der Variablen, alle Klauseln einer SAT-Formel erfüllt, muss man im Wesentlichen alle exponentiell vielen Outfits durchprobieren. Deshalb ist SAT als Algorithmus genauso mächtig wie die Kombination aus den exponentiell vielen Tipps und dem Verifikationsalgorithmus. SAT ist eines der schwierigsten Probleme in NP. Und mit ihm Clique, TSP und so weiter.

Nun wissen wir, dass SAT und einige andere zu den schwierigsten Problemen in NP gehören. Aber wir wissen immer noch nicht, ob es für SAT und damit auch für alle anderen Probleme in NP nicht vielleicht doch einen polynomialen Algorithmus gibt. Anders gesagt, wir wissen immer noch nicht, ob NP wirklich mehr ist als P oder ob gilt: P gleich NP. Das ist die schickste Form, die Frage nach dem polynomialen Algorithmus für SAT zu stellen: Gilt P gleich NP? Diese Frage gehört zu den sieben mathematischen Millennium-Problemen, die zur Jahrtausendwende vom Clay-Institute in einer Liste zusammengestellt wurden. {Als Textmarker wurde je Problem eine Million Dollar Preisgeld ausgelobt. Eines der Probleme ist schon gelöst. Aber das Preisgeld wurde nicht abgeholt. »P = NP« wird wohl das letzte unter diesen Problemen sein, das gelöst wird.}

Die hiesige Begeisterung für Sandkästen

Kombinatorische Probleme sehen oft wie Sandkastenprobleme aus. {Eine Ausnahme bildet vielleicht das Kürzeste-Wege-Problem.} Das gilt nicht nur für die Probleme, die wir auf unserer Reise besuchen. Wer weiter in Büchern zur Komplexitätstheorie und zur Algorithmik stöbert, wird unentwegt auf solche einfachen, reduzierten Probleme stoßen. Warum sollte man eine Wissenschaft ernst nehmen, die sich mit so etwas beschäftigt?

Die reduzierten Probleme enthalten oft den harten algorithmischen Kern der vielschichtiger erscheinenden Praxisprobleme. Ein Algorithmus, der sich gegen diese Sandkastenprobleme durchsetzen kann, ist auf viele reale Probleme gut vorbereitet. Das ist für Algorithmiker ein Grund, an diesen Problemen zu arbeiten. Die Komplexitätstheoretiker haben noch einen viel besseren Grund, sich auf die Sandkastenfragen zurückzuziehen. Es sind Spezialfälle von Praxisproblemen. Und wenn ein Spezialfall schon schwierig ist, ist es der allgemeine Fall erst recht. Das Clique-Problem steckt in vielen realen Anwendungen als Subproblem oder Vereinfachung. Will man das reale Problem beherrschen, sollte man zumindest auch das Subproblem im Griff haben. Das Clique-Problem tritt zum Beispiel beim Erstellen eines Spielplans für eine Liga oder bei der Planung großer Projekte auf, die sich aus vielen Einzelaufgaben zusammensetzen. Nicht alle Aufgaben können gleichzeitig bearbeitet werden. Ein einfaches Modell dafür, welche Aufgaben gleichzeitig bearbeitet werden können, ist ein Netz, in dem Aufgaben verbunden sind, die gleichzeitig durchgeführt werden können. Die größte Clique in diesem Netz entspricht der größten Anzahl gleichzeitig ausführbarer Aufgaben. Wie gesagt, das ist ein vereinfachtes Modell. {Wer ein großes Projekt, vielleicht einen Flughafenbau vor den Toren Berlins, plant, muss *mindestens* mit dem Clique-Problem umgehen können.}

4. Westlich der Gravitation

Auf der Jagd nach Informationen

Die Stromrechnung

Im April 2006 ließen Forscher an der amerikanischen Ost-
küste einen Algorithmus laufen, um eine TSP-Instanz mit
über 80 000 Städten zu lösen. Die Rechenzeit der parallel
arbeitenden Prozessoren summierte sich auf über 130 Jahre.
Die Stromrechnung belief sich auf über 50 000 Dollar. Da
fragt man sich: Wozu? – Weil sie es können!

Das TSP ist seit Langem ein Marketingerfolg für Algorithmiker. Das TSP ist NP-schwer. Fügt man mehr Städte hinzu, geht irgendwann jedem Algorithmus die Luft aus.
Aber der Mensch wäre nicht der Mensch, wenn er nicht versuchen würde, eine Grenze, so er sie nicht einreißen kann,
zumindest immer weiter zu verschieben. In den 1960ern be-
jubelte die Presse Lösungen für TSP-Instanzen mit einigen
Dutzend Städten. {Seither ist TSP ein Sport geworden. Ein Extremsport.} Aber es hat auch sehr viele Anwendungen vom
Sammeltaxi bis zur Bioinformatik. Darüber hinaus sind bei
dieser Extremsportart besonders viele Techniken entstanden,
die für ähnliche NP-schwere Probleme und allgemeine Lösungsverfahren genutzt werden können.

Es gibt unzählige Praxisprobleme, die NP-schwer sind. Das
heißt nicht, dass wir sie nicht lösen können. Es gibt sehr gute

und hoch entwickelte Algorithmen für NP-schwere Probleme. Wollte man auf das Lösen NP-schwerer Probleme verzichten, würde man einen Großteil der algorithmischen Lösungen abschaffen und Wirtschaft, Verkehr, Technik und Wissenschaft ins Chaos stürzen.

Um sich im NP-schweren Bereich des Planeten bewegen zu können, gibt es verschiedene Ansätze. Manchmal kann man etwas beweisen, zum Beispiel dass ein Algorithmus zwar nicht die optimale Lösung findet, aber beweisbar nah an das Optimum herankommt. Manche Algorithmen finden beweisbar das Optimum, wenn man ihnen genug Zeit geben würde. Über andere Algorithmen kann man gar nichts mit Sicherheit sagen. Man probiert sie einfach aus, und sie laufen ganz ordentlich. Solche Algorithmen nennt man Heuristiken. Bei Heuristiken gibt es große Unterschiede. Manche Heuristiken sind geniale Algorithmen, die zu kompliziert sind, als dass wir sie analysieren könnten. Andere sind einfach nur dumme Ideen.

Ein NP-vollständiges Problem – also ein Problem, das zu den schwierigsten in NP gehört – kann man durch Ausprobieren lösen. Die Laufzeit dieses Verfahrens explodiert mit der Größe der Instanz, aber jedes NP-vollständige Problem kann bis zu einer gewissen Größe tatsächlich gelöst werden. {Man kann hüpfen trotz Gravitation.} Ein Kollege, Christian Liebchen, hat für die Berliner U-Bahn einen optimalen Fahrplan berechnet. Auch das gesamte Fernverkehrsnetz der Bahn sollte im Bereich des Machbaren liegen. Aber irgendwann ist Schluss. Praktische Komplexität ist keine Wand, sie ist eher ein Morast, in dem man immer langsamer vorankommt, bis man stecken bleibt.

Komplexität ist Extremsport: Irgendwann geht jedem Algorithmus die Luft aus.

Weil die Laufzeit des Durchprobierens so gigantisch wird, kann man an dieser Grundidee auch so viele Verbesserungen vornehmen. Die im ersten Kapitel erwähnten ganzzahligen linearen Programme, die heute um so vieles schneller gelöst werden können als 1990, sind im Allgemeinen NP-schwer. Aber es gibt einen großen Sack voll Tricks, um dem Ausprobieren bei diesen Problemen auf die Sprünge zu helfen. {Viele davon wurden beim TSP-Sport gefunden.} Einen sehr wichtigen Trick werden wir gleich noch beim Shopping beobachten. Aber fangen wir mit einer einfacheren Tour durch eine Hochebene an.

Eine Hochebene

Aufsteigen, sich geschickt anstellen und schauen, wie weit man kommt, ist eine Art, im Gebirge voranzukommen. Eine andere hat etwas mit dem Relief der Gegend um NP zu tun. {Es ist eher die Technik der Bergbauern als der Extremsportler.} Ein NP-vollständiges Problem ist immer eine Menge von unendlich vielen Instanzen. Wenn man beweist, dass das Problem NP-vollständig ist, zeigt man, dass sich unter den Instanzen des Problems einige wirklich hohe Gipfel befinden. Das sagt aber nichts darüber, wie viele liebliche und ebene Täler es gibt, die auch zu diesem Problem gehören.

Auch bei NP-schweren Problemen kann man an Instanzen geraten, die sich überraschend leicht lösen lassen. {Wenn die Kinder, die du nach der Geburtstagsfeier nach Hause fährst, alle entlang einer Straße wohnen, brauchst du für die optimale Route keinen Algorithmus.} Am besten ist es, wenn sich nicht nur einzelne Instanzen gut lösen lassen, sondern man einen klar definierbaren Spezialfall des allgemeinen Problems findet, für den es einen effizienten Algorithmus gibt. Das ist zum Beispiel bei Clique der Fall. Clique ist eigentlich ernsthaft schwierig. Aber wenn das Netzwerk, in dem du eine größte Clique suchst, sich auf ein Blatt Papier zeichnen lässt, ohne dass sich zwei Kanten überkreuzen, dann wird es einfach.

Versuchen wir es mit einem Beispiel. Male das folgende einfache Netz auf ein Blatt, ohne dass sich zwei Kanten kreuzen: Das Netz hat fünf Knoten, und jeder Knoten ist mit jedem verbunden. Klappt nicht? Und mit vier Knoten? Das geht ganz einfach. Zuerst ein Viereck, dann eine Diagonale durch das Viereck und die andere Verbindung außenherum.

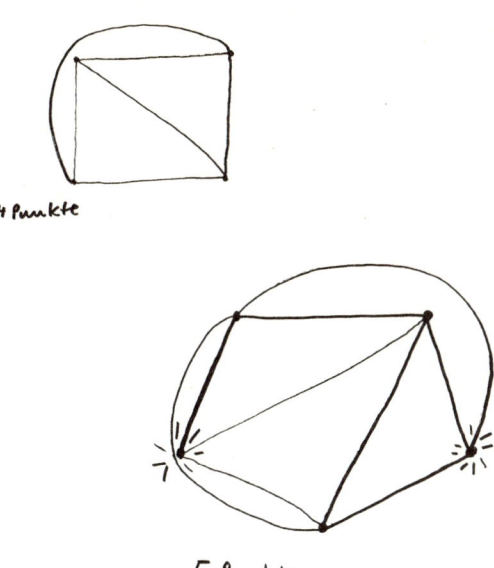

4 Punkte

5 Punkte

Planares Netz: Das Netz hat 5 Punkte Knoten und jeder Knoten ist mit jedem verbunden. Die Linien dürfen sich nicht kreuzen. Klappt nicht? Mit 4 Knoten geht's ganz einfach.

Jede Fläche, die von den Kanten eingerahmt ist, wird dabei zu einem Dreieck. {Abgesehen davon, dass die Kanten etwas krumm sein werden.} Auch die Außenhaut des Gebildes hat drei Knoten und drei Verbindungen. So ist das immer, wenn man vier Punkte kreuzungsfrei miteinander verbindet. Blöd für den fünften Punkt: Egal, wo er liegt, ist er immer von einem Dreieck umgeben und kann folglich einen der vier anderen Punkte nicht erreichen, ohne eine Kante zu kreuzen.

Was hat das mit dem Clique-Problem zu tun? Es zeigt, dass in planaren Netzen – so nennt man solche, die man kreuzungsfrei aufs Blatt malen kann – keine Clique mehr als vier Knoten haben kann. Also kann ich die größte Clique finden, indem ich alle Teilmengen der Knoten mit höchstens vier Knoten durchprobiere. Das sind in etwa Anzahl der Knoten hoch vier viele Teilmengen. Also ist das ein polynomialer Algorithmus.

Das Shoppingproblem

Ein anderer Trick der Einheimischen, um sich mühelos im Hochgebirge zu bewegen, ist, auf den Gipfel zu verzichten. Manche kombinatorischen Probleme, bei denen man eine Zielfunktion verfolgt, werden erst dadurch schwer, dass man die allerbeste Lösung bezüglich dieser Zielfunktion haben möchte. Wenn man sich damit zufriedengibt, eine ganz ordentliche Lösung zu bekommen, ist die Sache oft viel einfacher. Man nennt das Approximation. Touristen erleben die Approximation beim Shopping.

Die wenigsten Touristen wollen noch echte Souvenirs kaufen. Man geht lieber Urlaubsshoppen. Und weil es überall auf der Welt das Gleiche zu kaufen gibt, geht es darum, im Vergleich zu den heimischen Preisen möglichst viel zu sparen. Du hast also eine Liste mit Artikeln, die du ohnehin kaufen möchtest. Jeder Artikel hat eine gewisse Ersparnis und ein Gewicht. {Das Gewicht ist wichtig, damit du nicht die Gewichtsbeschränkung der Fluggesellschaft überschreitest und dann am Flughafen mehr nachzahlst, als du vorher gespart hast.} Um möglichst viel zu sparen musst du aussuchen, welche Artikel von deiner Liste du kaufst.

Wie wäre es mit folgendem einfachem Algorithmus: Du sortierst deine Artikel danach, wie viel Geld man pro Gramm sparen kann. {Sortieren nach »Bang for Buck«.} Dann kaufst du die Artikel nacheinander in dieser Reihenfolge, bis die Gewichtsschranke zum ersten Mal überschritten ist. Den zuletzt gekauften Artikel musst du dabei wieder umtauschen, denn der ist ja schon über der Gewichtsschranke. {Warum du ihn dann erst kaufen sollst? Kommt gleich!}

Ist das eine gute Idee? Angenommen, du hast drei Sachen auf der Liste. Zwei Pullover und eine Jacke. In deinem Koffer ist noch Luft für 1400 Gramm. Die beiden Pullover sind genau gleich und füllen den Koffer exakt auf. Sie wiegen je 700 Gramm und bringen jeweils 10 Euro Ersparnis. Die Jacke ist etwas schwerer, 755 Gramm. Du sparst mit ihr aber pro Gramm ein bisschen mehr als mit den Pullovern. Insgesamt ist die Jacke 15 Euro billiger als daheim. Der Bang-for-Buck-Algorithmus entscheidet sich deshalb zuerst für die Jacke und hat dann keinen Platz mehr für ein weiteres Teil. Es wäre besser, die beiden Pullover zu kaufen, weil du damit die Gewichtsschranke ausnutzt und so insgesamt mehr sparst. Der Bang-for-Buck-Algorithmus findet also nicht immer die beste Lösung.

Was der Bang-for-Buck-Algorithmus jetzt noch machen könnte, ist, von den 700 Gramm Pullover nur 645 Gramm zu kaufen, um genau die Gewichtsschranke auszunutzen. {Das machen die meisten Bekleidungsgeschäfte nicht mit.} Genau darin liegt die Schwierigkeit beim Shoppingproblem. Du musst – wie Mathematiker sagen – eine ganzzahlige Entscheidung treffen: Du kannst den Pullover nur entweder ganz oder gar nicht kaufen.

Ganzzahlige Entscheidungen sind oft schwieriger als die sogenannten fraktionalen Entscheidungen, bei denen man von allem auch nur ein bisschen, einen beliebigen Bruchteil nehmen kann. Du kennst das vom Schlachter: 700 Gramm Rinderhack sind kein Problem, aber wenn du genau 700 Gramm Kotelett haben möchtest, muss der Schlachter alle möglichen Kombinationen auf der Waage durchprobieren. Vielleicht sagt er dir gleich: Genau 700 Gramm geht nicht. Aber kann er sich sicher sein, dass nicht doch eine Kombination der Koteletts in der Kühlung genau 700 Gramm ergibt?

Das Shoppingproblem ist NP-schwer. {Das Kotelett-Problem auch.} Aber man kann das Shoppingproblem approximieren, annähern. Angenommen, die Fluggesellschaft hat ein Herz für Shopper und drückt für ein einziges zusätzliches Teil ein Auge zu. Dann musst du beim Bang-for-Buck-Algorithmus den einen Artikel, mit dem du über die Gewichtsschranke gekommen bist, doch nicht umtauschen. In Summe hast du sicher mindestens so viel gespart wie eine perfekte Shoppingauswahl, die sich strikt an die Gewichtsschranke hält.

Schade, dass Fluggesellschaften nicht so denken. Aber man kann Folgendes machen: Entweder man kauft wie oben die besten Bang-for-Buck-Artikel – eben die besten Schnäppchen – bis knapp ans Limit. Oder man nimmt nur den ersten Artikel, der nicht mehr hineinpasst – je nachdem, welche der beiden Varianten zu Hause mehr Ersparnis bringt. Man spart auf diese Weise garantiert mindestens halb so viel wie ein optimales Shopping. Das heißt dann 2-Approximation, weil das Optimum höchstens zweimal so gut ist wie die approximative Lösung. {Eine 2-Approximation klingt nicht wirklich toll, oder? Man kann das Shoppingproblem noch viel besser approximieren. Aber das ist ziemlich mühsames Kraxeln ohne Aussicht.}

Das Fernsehprogramm

Es gibt noch eine andere Möglichkeit, besser zu werden. Wenn die Preise und Gewichte nicht mit Absicht so blöd gestaltet sind, sondern eher zufällig, dann ist der Bang-for-Buck-Algorithmus nahezu perfekt. {Das ist wieder so eine Hochebene.} Die wirklich schwierigen Instanzen des Shoppingproblems sind einsame Bergzinnen, die in einer großen, flachen Ebene von einfach zu lösenden Problemen stehen. Die hilfreiche Eigenschaft des Spezialfalls bei Clique war die Planarität. Hier ist es die Zufälligkeit. Eine zufällige Instanz des Shoppingproblems ist wie ein Kirschkern, den man in die Luft spuckt. In der Regel trifft er nicht genau auf die einsame Zinne. Manche NP-schweren Probleme werden einfach, wenn man nicht jede Instanz lösen möchte, sondern nur irgendeine zufällige.

Beim Clique-Problem wäre man froh, wenn man einen Algorithmus hätte, der immer mindestens eine 2-Approximation liefert. {Das ist schwierig.} Was aber recht einfach geht, ist, eine größte Clique in einem zufälligen Netz zu finden. Ein zufälliges Netz entsteht, indem man jede mögliche Kante mit einer festen Wahrscheinlichkeit – zum Beispiel 4 Prozent – einfügt und sonst nicht einfügt. Auf solchen Instanzen kann man in der Regel mit einem sehr einfachen Verfahren die größte Clique finden. Ist Clique also doch nicht so schwierig? Wen interessiert es schon, Clique auf ein paar schwierigen Netzen lösen zu können, wenn es auf einem zufälligen Netz so hübsch einfach ist. {Beim Shopping ist das mit dem Zufall praktisch hilfreich. Du kannst Bang-for-Buck auf Schnäppchenjagd gehen.}

Zufällige Netze sind in der Praxis eher die Ausnahme. Das liegt an dem Unterschied zwischen zufällig und typisch. Wie sieht ein zufälliges Fernsehbild aus? Ein zufälliges Fernsehbild entsteht, wenn man das Antennenkabel herauszieht. Es ist ein Rauschen. Das ist aber nicht das, was man mit einem typischen Fernsehbild bezeichnet. Genauso ist es bei den Netzwerken: Typische Netzwerke in der Praxis sehen völlig anders aus als zufällige Netze. Deswegen hilft die Sache mit dem Zufall bei Clique nichts für die Praxis.

Ich packe meinen Kofferraum ...

Beim Schlachter und beim Shoppingproblem konnte man etwas Wichtiges über kombinatorische Probleme lernen: Eine ganzzahlige Entscheidung ist oft schwierig, während die fraktionale Entscheidung ganz einfach ist. Könnte man Klamotten fraktional shoppen, wäre das einfache Bang-for-Buck-Prinzip optimal. Nur weil man Pullover im Ganzen kaufen muss, wird das Problem NP-schwer. Das fraktionale Shoppen ist keine Lösung, die man real umsetzen kann. Aber für den Approximationsalgorithmus hat es uns auf die richtige Spur gebracht.

Darin liegt einer der wichtigsten Tricks, um ganzzahlige lineare Programme zu lösen. Man kann mit der fraktionalen Lösung dem Ausprobieren auf die Sprünge helfen. Im Grunde genau wie oben: Auch beim Shopping könnte man alle Kombinationen durchprobieren. Das dauert lange. Mit dem Tipp von der fraktionalen Lösung, dem Bang-for-Buck-Algorithmus, musst du nur zwischen zwei

Kombinationen entscheiden: dem Schnäppchen oder dem Umtauschartikel.

Das Shoppingproblem wird auch Knappsack-, Rucksackproblem genannt. Es ist der einfachste Fall sogenannter Packungsprobleme. {Packungsproblem ist durchaus wörtlich gemeint.} Es geht darum, einen Kofferraum zu packen oder auf möglichst wenig Stoff ein Schnittmuster unterzubringen. Im Allgemeinen sind das sehr schwierige Probleme. Eine reale Anwendung gibt es zum Beispiel im Automobilbau. Die Größe eines Kofferraums, die vom Fahrzeughersteller angegeben werden darf, wird mit einem Packungsproblem bestimmt: Wie viele genormte Klötzchen kann man in den Kofferraum packen? {Ein Kofferraum, in den riesige Mengen Flüssigkeit passen, in dem aber jeder Koffer an irgendwelchen Querstreben hängen bleibt, taugt nichts.} Das Problem dabei ist zu bestimmen, wie viele Normklötzchen maximal hineinpassen. Das ist NP-schwer. Man kann das Problem mit ganzzahligen Programmen annähernd lösen. Bei der Entwicklung des Wagens erleichtert man so den Ingenieuren das Leben. Wenn das Auto fertig ist und die endgültige Packung gesucht wird, um ein möglichst großes Kofferraumvolumen angeben zu können, packen und stopfen die Ingenieure jedoch lieber selbst: Sie sind besser als die Algorithmen.

Wo Komplexität hilft

So, nun sind wir doch ganz schön hoch ins Gebirge geraten. Gehen wir zurück zu einer heute alltäglichen Frage: der Verschlüsselung von Daten. Ein Problemtyp, für den so ziemlich jede Instanz ab einer gewissen Größe praktisch unlösbar ist, wäre ideal, um gute Rätsel zu bauen. Wenn er sich dann noch eignet, um darin vertrauliche Nachrichten zu verstecken, könnten wir aus der Komplexität Nutzen schlagen. Es braucht einiges an Erfahrung, um zu beurteilen, welcher Problemtyp dafür infrage kommt.

Geheime Nachrichten verschicken Menschen schon seit Jahrtausenden. Die Nachrichten wurden aber nicht verschlüsselt, sondern eigentlich nur versteckt. Egal, ob es sich um ein Geheimfach in der Botentasche oder eine Geheimschrift handelte, immer musste das Verfahren zum Verstecken der Nachricht selbst geheim bleiben. {Wer wusste, wie die Nachricht versteckt wurde, wusste auch, wie er sie herausbekommt.} Geheime Nachrichten beruhten auf einer Asymmetrie zwischen denen, die abfingen, und denen, die kommunizierten. Wenn wir heute im Alltag unsere Daten verschlüsseln – oft genug, ohne es zu merken –, liegt genau die umgekehrte Asymmetrie vor. {Wir, die wir Daten verschlüsseln und senden, haben keine Ahnung von Verschlüsselungstechnik, aber Verbrecher und Geheimdienste haben alle Ahnung der Welt.}

Geheime Kommunikation war ein Herrschaftsprivileg. 1977 kam eine Idee in die Welt, die dieses Verhältnis umstürzte: Das Verschlüsseln von Daten durch Komplexität. Anstelle eines wohlgehüteten Geheimverfahrens gibt es heute eine Verschlüsselungstechnik, die jeder kennen kann. Und dennoch kann er nur seine eigenen Daten entschlüsseln. So kann heute jeder Bürger seine Daten vor jeder Macht der Erde verschlüsseln. Die Technik ist weder Zukunftsmusik noch geheim oder teuer. {Wir könnten sie noch viel häufiger benutzen.} Es ist eher eine Frage, ob man überhaupt verschlüsseln will.

Die Grundidee der Verschlüsselung durch Komplexität ist, Daten als Lösung eines schwierigen Problems zu verpacken, das man leicht lösen kann, wenn man den richtigen Tipp hat. Die NP-vollständigen Probleme bieten sich also geradezu an. Aber praktisch hat für die Verschlüsselung ein anderes Problem das Rennen gemacht, bei dem man Zweifel haben kann, ob es zu den schwierigsten Problemen in NP gehört. Aber eins nach dem anderen.

Geheimschriften

Die Grundaufgabe einer Verschlüsselung ist folgende: Ich will dir etwas mitteilen, ohne dass jemand anderer es erfährt. Nur kann ich dir nicht einfach ins Ohr flüstern, sondern muss meine Nachricht über einen öffentlichen Kanal schicken. Jeder könnte sie lesen. Wir müssen uns etwas einfallen lassen, damit die Nachricht nur für dich einen Informationsgehalt besitzt. Du brauchst einen Schlüssel, mit dem du die Nachricht entschlüsseln kannst. Allen anderen soll die Nachricht nicht mehr verraten als ein Blätterrauschen.

Wir vertrauen heute in vielen Situationen auf Verschlüsselung. Ein typisches Beispiel für Verschlüsselung im Alltag ist die Übermittelung von sensitiven Daten wie Kreditkartennummern im Internet, wenn man beispielsweise ein Zugticket kauft. Die Bahn verkauft das Ticket über ihre Webseite und möchte deine Kartennummer erfahren. Mit der Webseite der Bahn lädst du ein kleines Programm auf deinen Laptop. Dort füllst du deine Daten in ein Formular und dort, auf deinem Laptop, verschlüsselt dieses Programm deine Daten.

Dann schickt es die verschlüsselten Daten durch die ewigen Weiten der Internets zum Server der Bahn. {Wer seine Daten unverschlüsselt auf diese Reise schickt, kann gleich ein Flugblatt drucken.} Wenn die Nachricht durchs Netz geht, darf niemand deine Daten herauslesen können – aber die Bahn muss sie sofort lesen können. Wie soll das gehen?

Fangen wir mit dem einfachsten Fall an. Wir wollen die kleinste Information verschlüsseln, die es gibt. Wir wollen nur »Hü« oder »Hott« sagen, »Junge« oder »Mädchen«. Wir wollen ein Bit verschicken. Niemand anderes soll erfahren, ob es ein Mädchen oder ein Junge wird. Wenn wir uns vorher verabreden, ob wir bei einem Junge »Hü« und bei einem Mädchen »Hott« sagen oder aber umgekehrt, können wir die Nachricht getrost in die Welt entlassen. Wir können sogar dazusagen: »Die folgende Nachricht verrät, ob es ein Junge oder ein Mädchen ist: Hü.« Was sollen die anderen damit anfangen? Diese Verschlüsselung ist perfekt. {Und so einfach.}

Nun kann man jede Nachricht als eine Folge von Hü und Hott oder bekanntermaßen als 0 und 1 darstellen. Man kann sogar öffentlich bekannte Standards dafür verwenden, wie man einen Text in 0 und 1 verwandelt und wieder zurück. Das Einzige, was man vorher geheim ausmacht, ist, ob man für jede 0 eine »0« und jede 1 eine »1« schreibt oder umgekehrt. Das ist dasselbe Prinzip wie bei der 1-Bit-Verschlüsselung. Aber es funktioniert nicht. Ein Außenstehender kann die Nachricht einfach in beiden Varianten ausprobieren, einmal mit 1 als 1 und einmal mit 1 als 0. Höchstwahrscheinlich ergibt nur eine von beiden Varianten einen sinnvollen Text. Sobald man längere Information verschickt, besitzt der Klartext Strukturen, die auch der verschlüsselte Text noch zeigt.

Daran lässt sich die Verschlüsselung enttarnen. Bei der 1-Bit-Verschlüsselung dagegen waren beide möglichen Ergebnisse sinnvoll, und deshalb erlaubten sie keinen Rückschluss.

Das gilt auch, wenn man etwas komplizierter verschlüsselt. Zum Beispiel durch eine Geheimschrift, bei der jeder Buchstabe des Alphabets und sogar das Leerzeichen durch ein anderes Zeichen ersetzt wird. {Das klingt schon ziemlich geheim.} Aber man erkennt immer noch zu viel Struktur des Klartextes, beispielsweise wenn ein Buchstabe doppelt vorkommt. Man erkennt, welches Zeichen am häufigsten vorkommt – wahrscheinlich das Leerzeichen. Hat man das Leerzeichen erkannt, kann man die sehr kurzen Worte sehen. Davon gibt es nicht viele. Und so lüftet sich bald der Schleier.

Kap Matapan und das verlorene »L«

Einer der historisch bedeutendsten Fälle, eine Geheimschrift so zu entziffern, stammt aus dem Zweiten Weltkrieg. Nazideutschland und seine Verbündeten setzten für geheime Nachrichten den Verschlüsselungsapparat Enigma ein. Der geniale Trick dieser Maschine war, die Geheimschrift für jedes Zeichen der Nachricht zu wechseln. Der gleiche Buchstabe wurde an verschiedenen Stellen der Nachricht durch unterschiedliche Buchstaben dargestellt. In bestimmten Zeitabständen wechselte man die Vertauschung des Alphabets für den ersten Buchstaben einer Nachricht. Von da ab wechselte Enigma für jeden neuen Buchstaben selbstständig zu einer neuen Vertauschung. Das machte die Sache ziemlich schwierig.

Dennoch konnten die Codeknacker aus Bletchley Park, zu denen auch Turing gehörte, die Nachrichten mit ziemlicher Regelmäßigkeit dekodieren. Mavis Batey arbeitete mit Turing an der Entschlüsselung von Nachrichten für die Marine. {Sie war für die italienische Marine zuständig, und man geht davon aus, dass die von ihr entschlüsselten Befehle einen entscheidenden Beitrag für den britisch-australischen Sieg in der Seeschlacht von Matapan lieferten.} In Bateys Augen hatte die Enigma eine Schwäche, die von ihren Konstrukteuren wohl als Cleverness gedacht war: Enigma kodierte niemals einen Buchstaben mit sich selbst. So konnte für »L« alles stehen, aber niemals »L« selbst. {Wäre ja auch zu blöd, einen Buchstaben mit sich selbst zu kodieren.} Eines Tages landete auf Bateys Schreibtisch eine Nachricht, die überhaupt kein »L« enthielt. Jetzt tat Batey etwas, was Algorithmen immer noch sehr schwerfällt: Sie dachte über Menschen im Allgemeinen und den Nachrichtenübermittler vor seiner Tastatur im Besonderen nach. Es erschien ihr gut möglich, dass der italienische Kollege eine Testnachricht geschrieben hatte, indem er immer wieder auf das »L« trommelte. Und da Enigma niemals »L« mit »L« kodierte, hatte die Nachricht überhaupt kein »L«. Die kodierte Nachricht verriet sich, weil sie noch genug Struktur von den denkbaren unkodierten Nachrichten zeigte. Batey hatte die Anfangsstellung der Enigma für den Tag gefunden.

Auch lange Nachrichten lassen sich genauso perfekt verschlüsseln wie die 1-Bit-Nachricht. Man muss einfach für jede Stelle in der 0-1-Folge, die man schicken wird, getrennt und zufällig festlegen, ob an dieser Stelle eine 1 eine 1 und eine 0 eine 0 bedeutet oder umgekehrt. {Dieses Verfahren ist perfekt.} Wer die ellenlange Codierungsliste für jede Stelle der Nachricht hat, kann mühelos entschlüsseln. Für alle anderen ist die Nachricht vom zufälligen Blätterrauschen nicht zu unterscheiden. {Einziges Problem: die Codierungsliste. Sie ist genauso lang wie die Nachricht, die man schickt, bei jedem Zugticket, jedem Last-minute-Geschenk, jedem im Internet bestellten Buch.}

Die Erfindung des Schnappschlosses

Im kleinen Programm, das ich von der Webseite der Bahn herunterlade, steht, wie verschlüsselt werden soll, damit die Bahn entschlüsseln kann. Aber wer meine Nachricht an die Bahn abfangen kann, kann auch die Nachricht der Bahn an mich abfangen, mit der die Verschlüsselung beschrieben wird. Die Sache mit dem Online-Shopping kann also nicht funktionieren, solange der Grundsatz gilt: Wer verschlüsseln kann, kann auch entschlüsseln. Dieser Grundsatz galt, bis 1977 Ronald Rivest, Adi Shamir und Leonard Adleman das Schnappschloss erfanden – im informationstheoretischen Sinne. Ein Schnappschloss kann jeder zuklicken, aber nur, wer den Schlüssel hat, bekommt es wieder auf. Die Webseite der Bahn schickt mir ein Verfahren, um die Nachricht zu verschlüsseln. {Einen öffentlichen Schlüssel.} Das ist aber nichts weiter als eine Gebrauchsanweisung, wie man das Schnappschloss zumacht, so dass die Bahn es mit ihrem privaten Schlüssel wieder aufmachen kann. Den privaten Schlüssel muss sie niemandem verraten. {Nicht einmal mir.}

Die Idee eines Schnappschlosses, eine Public-Key-Verschlüsselung, ist selbst nur wenig älter als der RSA-Algorith-

öffentlich   geheim

Am Faktorisierungsproblem hängt die Sicherheit unserer verschlüsselten Daten.

mus, das Schnappschloss von Rivest, Shamir und Adleman. Dieser Algorithmus ist das Grundprinzip, mit dem im Internet und an vielen anderen Stellen vertrauliche Daten verschlüsselt werden. {Er ist so kurz, dass Nerds ihn sich auf ihr T-Shirt drucken ließen. Darüber stand »This T-Shirt is a weapon«, denn der RSA wurde bis in die 1990er Jahre von den USA wie eine ausfuhrbeschränkte Kriegswaffe behandelt.}

Die Details des RSA sind weder schwierig noch wichtig. Wir zeigen hier nur das Wichtigste, damit man ein Gefühl dafür bekommt, worum es geht. Der öffentliche Schlüssel besteht aus zwei Zahlen, A und N. Die Nachricht im Klartext ist eine weitere Zahl, sagen wir m (message). Daran ist nichts Geheimnisvolles. Man ordnet jedem Buchstaben des Alphabets eine Zahl zu und fasst so den Text als die riesige Zahl auf. {Noch ist nichts verschlüsselt! Die Zahl m ist der Klartext.} Zum Verschlüsseln rechnet man die Zahl m hoch die Zahl A und fragt dann, welcher Rest bleibt, wenn man das Ergebnis durch N teilt. Dieser Rest, sagen wir v (verschlüsselt), ist die verschlüsselte Nachricht. {Verstanden? Egal.} Die verschlüsselte Nachricht v entsteht durch eine ziemlich einfache Rechnung mit dem Klartext m und dem öffentlichen Schlüssel aus A und N. Aber aus v wieder m zu machen, also die Nachricht im Klartext zu errechnen, das ist richtig schwierig. Es sei denn, man kennt den geheimen Schlüssel. Der geheime Schlüssel ist eine Zahl B. Diese Zahl ist so gewählt, dass der Rest von v hoch B geteilt durch N wieder m ist. {Verstanden? Egal.} Wenn man B kennt, kann man ganz einfach aus v wieder m berechnen. Der öffentliche Schlüssel A und N verschließt die Daten, so dass man sie nur mit dem geheimen Schlüssel B wieder entschlüsseln kann.

Der einfachste Weg, um eine RSA-Verschlüsselung zu knacken, ist, nicht direkt die Nachricht zu entschlüsseln, sondern den privaten Schlüssel B zu finden, der zum öffentlichen Schlüssel A und N passt. {Man bricht nicht den Safe auf, sondern versucht, das Schloss zu verstehen.} Die Zahlen N, A und B müssen genau zusammenpassen und sind durch einen besonderen Algorithmus erzeugt worden, damit gilt: B entschlüsselt, was mit A verschlüsselt wurde. Dieser Algorithmus bekommt als Eingabe zwei möglichst große Primzahlen. {Also, so richtig große. Woher man so eine richtig große Primzahl herbekommt? Ich kenne auch keine auswendig. Ich kann hier auch keine aufschreiben. Sie muss so groß sein, dass sie mehrere Seiten dieses Buches füllen würde.} N ist einfach das Produkt der beiden Primzahlen. A und B sind etwas komplizierter zu berechnen, aber wenn man die beiden Primzahlen kennt, ist es nicht schwierig. Mit anderen Worten: Wer die beiden Primzahlen kennt, kann die RSA-verschlüsselte Nachricht entschlüsseln. Die Primzahlen kennt man nicht. Aber jeder kennt ihr Produkt, nämlich N, denn das ist der eine Teil des öffentlichen Schlüssels. Also geht es nur darum, die bekannte Zahl N in ihre Primfaktoren zerlegen zu können. Das ist das Faktorisierungsproblem. An ihm hängt die Sicherheit unserer verschlüsselten Daten.

Wie man die Primfaktoren einer Zahl bestimmt, lernt man in der Schule. 15 ist 5 mal 3. {Einfach.} Deswegen müssen die beiden Primzahlen so groß sein. Denn die Laufzeit jedes bisher bekannten Algorithmus für die Faktorisierung explodiert mit der Länge des kleinsten Primfaktors der Zahl. Zum jetzigen Zeitpunkt sieht die Weltordnung der Verschlüsselung deshalb so aus: Öffentliche Schlüssel N, die man mit 512 Bits schreiben kann, also Zahlen bis etwa 2 hoch 512, lassen sich mit etwas Mühe faktorisieren. Eine RSA-Verschlüsselung mit einem so kurzen öffentlichen Schlüssel ist also nicht sicher. Zahlen mit 2048-Bit-Länge, sie sind viermal so lang, kann niemand faktorisieren und es wird so bald auch niemand können. Zahlen mit 1024-Bit-Länge können normale Erdenbürger nicht faktorisieren. {Aber normale Erdenbürger sollten davon ausgehen, dass zumindest ein Geheimdienst auf diesem Planeten 1024-Bit-Zahlen faktorisieren kann.} Warum also nicht einfach mit 2048 Bit verschlüsseln oder gleich noch mehr? Der Aufwand für Codierung und Decodierung steigt mit der Größe von N, wenn auch nicht explosionsartig. 2048 wäre aber schon machbar.

Die RSA-Verschlüsselung ist nicht perfekt in dem Sinne wie eine Verschlüsselung, die für jedes Bit neu festlegt, wie gelesen werden soll. Dafür ist die RSA-Verschlüsselung sehr viel praktischer. Das heißt aber auch, dass es immer wieder Angriffe auf ihre Sicherheit geben kann und gibt. Einer der letzten, der FREAK-Angriff, wurde 2015 von Wissenschaftlern gestartet. {Er hat etwas mit dem Nerd-T-Shirt zu tun.} Die USA hatten bis 1990 nur untersagt, dass technische Lösungen, Apparate und Programme außer Landes gerieten, die mit mehr als 512 Bit kodierten. Entsprechend wurden die Standards im Internet auf 512 Bit ausgelegt, denn die sollten weltweit verfügbar sein. {Das Ding mit den Webseiten heißt schließlich weltweites Netz – World Wide Web.}

Man wollte damals erreichen, dass die verschlüsselten Daten von niemandem gelesen werden können, außer mithilfe der stärksten Rechenzentren. Und wo die standen, wusste man: bei der NSA. Im Grunde wollte man die Welt so ordnen, wie sie heute wieder geordnet ist, wenn man mit 1024 Bit kodiert. {Oder wie sie früher geordnet war, als man das Siegel des Königs nicht fälschen konnte, es sei denn, man war der Siegelschneider des Königs.}

Heute kann man mit etwas Aufwand alles berechnen, was früher nur die NSA konnte, und insbesondere auch die 512-Bit-RSA-Codes knacken. Deshalb kodiert man heutzutage für gewöhnlich höher. Aber als Folge der alten Ausfuhrbeschränkungen erlauben die Standards von Webseiten nach wie vor nur eine Kodierung mit 512 Bit. {In Verbindung mit ein paar Tricks, um Webseiten dazu zu bringen, sich auf 512-Bit-Verschlüsselung einzulassen, konnten die FREAK-Forscher noch 2015 die gängige verschlüsselte Datenübertragung im Internet unterlaufen.} Mit hinreichend großen Primzahlen lässt sich der RSA-Algorithmus jedoch nicht knacken. An der Komplexität von Faktorisierung kommt niemand vorbei.

Wie man hierzulande unterschreibt

Warum eigentlich? Ist Faktorisierung ein NP-vollständiges Problem? Faktorisierung ist ein allgemeineres Problem als die von Gödel im Brief angesprochene Aufgabe zu entscheiden, ob eine Zahl eine Primzahl ist. Wenn man erkennt, dass eine Zahl eine Primzahl ist, hat man sie damit auch schon faktorisiert. Das Primzahlproblem ist also ein Spezialfall von Faktorisierung und könnte leichter sein als Faktorisierung. Wie erwähnt, gibt es einen polynomialen Algorithmus zur Primzahlerkennung. {Allerdings ist seine Laufzeit in der Größenordnung von Kleiderschrankgröße hoch 12.}

Die Sorge, dass Faktorisierung doch noch in P liegen könnte, ist nicht von der Hand zu weisen. Um das zu verstehen, müssen wir kurz pedantisch werden und das Entscheidungsproblem, also die Ja-Nein-Frage, für Faktorisierung formulieren. Sie lautet: Gegeben eine Zahl N und eine zweite, nicht größere Zahl M. Hat N einen Teiler, der kleiner ist als M? Das kann mit Ja oder Nein beantwortet werden und es kommt letztlich auf dasselbe raus wie die Frage nach den Primfaktoren von N.

Wie sieht das Zertifikat, der Tipp für diese Frage aus? Wenn es einen solchen Teiler gibt, kann ich ihn angeben und überprüfen. {Perfekter Tipp.} Wenn es keine Primzahl als Teiler kleiner M gibt, kann ich das auch nachweisen: Ich gebe einfach alle Teiler von N an. Man kann schnell ausrechnen, dass meine Liste von Teilern stimmt und dass keiner davon kleiner als M ist. {Gut, ganz schnell kann man das nicht ausrechnen, denn man muss für jede Zahl in der Liste nachprüfen, ob sie prim ist – und das dauert Kleiderschrank hoch 12. Trotzdem, es ist polynomial.} Mithin ist Faktorisierung in NP und in CoNP. Und dieses Gebiet, dort, wo man sowohl für Nein als auch für Ja einen Tipp kennt, dort liegt P – und vielleicht, so vermuten manche, nichts anderes als P. Mit anderen Worten: Weil Faktorisierung in NP und CoNP liegt, vermutet man, dass es doch einen polynomialen Algorithmus dafür gibt. {So richtig schlimm für das Ticketkaufen wäre das aber erst mal auch nicht. Wenn so ein Algorithmus tatsächlich mal gefunden wird, ist er wohl in der Gewichtsklasse Kleiderschrank hoch 12 und mehr. Und das hilft dann auch nicht gegen eine 2048-Bit-Verschlüsselung.}

Die Idee mit dem Schnappschloss lässt sich umdrehen. Ein Schnappschloss kann jeder zumachen und nur, wer den Schlüssel hat, wieder öffnen. Webseiten, wie die der Bahn, verteilen freizügig Schnappschlösser in der Welt und lassen sich die Daten in den zugeschnappten Schlössern schicken. Was könnte man mit einem Schloss anfangen, das jeder aufmachen kann, aber nur wer den Schlüssel besitzt, zuschließen kann? Technisch ist das nur eine kleine Änderung am Algorithmus. Man gibt jedem den Schlüssel zum Öffnen und behält den zum Verschließen für sich. Die Frage ist: Wozu?

Altmodisch nennt man das eine Unterschrift. Ich gebe dir und jedem, der ihn möchte, einen öffentlichen Schlüssel, um Nachrichten zu öffnen. Aber nur ich kann Nachrichten erstellen, die mit diesem Schlüssel geöffnet werden. Wenn du also eine Nachricht bekommst und der öffentliche Schlüssel passt, dann kannst du sicher sein, dass die Nachricht von mir ist. {Wie früher das Siegel auf dem Brief des Königs.} Dieses sogenannte Signieren hat ebenfalls durch das Internet an Bedeutung gewonnen. Ein wesentlicher Trick beim FREAK-

Angriff und bei vielen Methoden, die die Sicherheit des Datenaustauschs kompromittieren, beruht auf Maskerade. Der Angreifer gaukelt mir vor, du zu sein, und dir vor, ich zu sein. Das können wir verhindern, indem wir unsere Nachrichten mit dem umgedrehten RSA-Algorithmus unterschreiben.

Ein Tischgespräch zur Komplexität

Im Nachgang zur Finanzkrise, genauer im Nachgang zur Subprime-Krise ab 2007, veröffentlichten vier Ausnahmewissenschaftler in Princeton ein Beispiel, in dem deutlich wird, dass wir die Komplexität der von uns geschaffenen Systeme unterschätzen. Sanjeev Arora, Boaz Barak und Rong Ge, drei Algorithmiker, und Markus Brunnermeier, ein Wirtschaftswissenschaftler aus Landshut. {Wir wissen nicht genau, wie es vonstattenging, aber wir können sie uns beim Mittagessen vorstellen.} Die Algorithmiker wollen von Brunnermeier eine seriöse Erklärung dafür, was da gerade an den Märkten passiert ist. Damals lernte die Öffentlichkeit das Kürzel CDO kennen, collateralized debt obligation. Das ist ein Typ von Finanzprodukten, der prominent an der Subprime-Krise beteiligt war.

Der Handel mit CDOs und anderen Derivaten, also mit Finanzprodukten, die andere Finanzprodukte versichern oder auf ihren Ausgang wetten, hatte schon damals weit mehr Volumen als das Bruttosozialprodukt des gesamten Planeten. Nach einer damals oft erhobenen Behauptung war das Finanzsystem so komplex geworden, dass keiner mehr durchblicken konnte. {Wahrscheinlich winkt Brunnermeier bei dieser These zunächst ab. Die Subprime-Krise ist zu guten Teilen nicht durch sonderlich komplexe Dinge, sondern ganz simpel durch menschliche Schwäche entstanden.} Aber dann will er es doch wissen: Ob das sein kann, dass ein Finanznetzwerk so komplex wird, dass auch Goldman Sachs das Risiko nicht einmal halbwegs richtig einschätzen kann.

»Ihr seid von Computer Science.« – Genauer heißt das Institut in Princeton, an dem Arora, Barak und Ge arbeiten, Department of Computer Science and Center for Computational Intractability: Zentrum für rechnerische Unlösbarkeit.

»Also, könnte es sein, dass das Finanznetzwerk zu komplex ist, als dass wir Menschen – sei es als Regierung, sei es als Investmentbank, sei es als Wissenschaftler – noch erkennen können, was Finanzprodukte wert sind?«

»Klar«, werden die Algorithmiker gesagt haben, »dazu braucht man nicht einmal ein Netzwerk.«

Die Idee ist ganz einfach. Man nehme ein Problem in NP, für das es wohl keinen effizienten Algorithmus gibt. {Zum Beispiel Faktorisierung.} Daraus bauen wir ein fieses Finanzprodukt. Wie bei der Internetzahlung mit RSA brauchen wir zwei große Primzahlen, richtig groß, etwa 1000 oder 2000 Stellen. Deren Produkt hat dann etwa 2000 oder 4000 Stellen. Eine Monsterzahl. Keine Chance, dass jemand daraus wieder die beiden Primzahlen ermitteln kann.

Jetzt bieten wir als Finanzprodukt folgende Wette auf eine bestimmte Wirtschaftskennzahl oder die Tagesdurchschnittstemperatur in Princeton an: Wir zahlen einen Haufen Geld, wenn für diese Zahl die erste Stelle nach dem Komma in genau einem Jahr gleich der letzten Stelle eines Primfaktors unserer Monsterzahl ist. In dem Vertrag steht nur die Monsterzahl. Ihre Primfaktoren halten wir geheim. Was ist dieses

Produkt heute wert? Eine Investmentbank könnte diese Wirtschaftskennzahl und sämtliche Temperaturen in den USA präzise vorhersagen. Sie könnte die amerikanischen Eliteuniversitäten von Studierenden und Forschenden leer kaufen und die französischen und indischen gleich dazu. Sie könnte ganz Manhattan oder auch die ganzen USA in eine Rechnerfarm verwandeln. Sie könnte die NSA und jeden anderen Geheimdienst der Welt fragen. Niemand wird herausfinden, was der Vertrag eigentlich bedeutet. Bis zu dem Augenblick, wo wir eine der beiden Primzahlen verraten.

Wir stellen uns vor, wie Brunnermeier das Gesicht verzieht und sagen möchte: »Kein Mensch unterschreibt einen Vertrag, den er nicht versteht.« {Aber dann überlegt er es sich noch einmal und schluckt den Satz herunter.} »Trotzdem, wir brauchen ein anderes Beispiel. Es darf kein Rätsel sein, sondern eine Falle. Es muss aussehen wie ein normales Finanzprodukt. Am besten, wenn man auch im Nachhinein absolut nicht erkennen kann, dass man reingelegt wurde. Sonst hat man am Ende die Sammelklagen und 4000 Jahre Gefängnis.«

»Kriegen wir auch hin. Falls du uns erklären kannst, was ein *normales Finanzprodukt* ist.«

Der weltberühmte Zitronenmarkt

Ein CDO ist im Grunde eine hervorragende Idee. Es gibt viele Menschen, die einen Kredit brauchen, zum Beispiel für ihr Haus. Ganz normale Menschen. Auf der anderen Seite gibt es ganz normale Menschen, die etwas Geld zurücklegen wollen. Geld, das sie vielleicht später brauchen, wenn sie in Rente gehen oder selbst ein Haus bauen. Wir alle wissen, wie viel Unwägbarkeit das Leben bereit hält. Die Wahrscheinlichkeit, dass ein normaler Mensch seinen Kredit nicht zurückzahlen kann, ist vielleicht nicht groß, aber doch im Bereich des Möglichen. Niemand will auf einen Schlag sein gesamtes Erspartes verlieren. Ein bisschen Verlust oder ein bisschen weniger Zins sind vielleicht zu verkraften.

Um eine Alles-oder-Nichts-Situation zu vermeiden, geben viele Sparer gemeinsam für viele Häuslebauer ihr Geld. Die Idee ist wie beim Würfeln: Bei sehr vielen Würfen wird ziemlich genau in einem Sechstel der Fälle die 1 gefallen sein. {Das Gesetz der Großen Zahlen.} Bei wenigen Würfen kann die Anzahl der Einsen dagegen stark schwanken. Damit auch die Häuslebauer diesem Gesetz gehorchen, muss die Chance auf Insolvenz jedes Einzelnen unabhängig von den anderen sein. {Das ist natürlich nicht so, wenn zum Beispiel alle bei der gleichen Firma arbeiten. Aber Schwamm drüber.} Wir werfen viele Kredite zusammen und gehen davon aus, dass ein kleiner Teil sicher ausfällt, aber nicht mehr. Man nennt das Pooling: Alles in ein Topf werfen.

Wenn das Pooling funktioniert, wird die Unsicherheit klitzeklein, aber der Gesamtwert der Kredite muss sinken – wegen der absehbaren Ausfälle. Das ist wie bei Gebrauchtwagen. Jemand will beim Gebrauchtwagenhändler ein Auto im Wert von etwa 10 000 Euro kaufen. Leider ist jedes zehnte dieser Autos schrottreif, obwohl es noch gut aussieht. Man nennt so einen Wagen eine Zitrone. {Das ist kein Jargon für Gebrauchtwagenhändler, sondern stammt aus dem Paper des Wirtschaftsnobelpreisträgers George Akerlof von 1970: »The market for ›lemons‹.«} Im Schnitt sind die Gebrauchtwagen 9000 Euro

Pooling: Um eine Alles-oder-Nichts-Situation zu vermeiden, geben viele Sparer gemeinsam für viele Häuslebauer ihr Geld.

wert. Folglich, so Akerlof, wird niemand mehr als 9000 Euro für so eine Karre bezahlen.

Akerlof fragte sich, was wohl der Gebrauchtwagenverkäufer davon hält. Wenn er weiß, dass ein Auto in Ordnung ist, wird er den Wagen lieber behalten, anstatt auf 9000 Euro runterzugehen. Das ist fatal, denn jetzt werden gerade die guten Wagen nicht mehr angeboten. Und dann sind auch die 9000 Euro für den Käufer nicht mehr sinnvoll. {Es gibt ja nur noch Zitronen zu kaufen.} Ein solcher Markt mit asymmetrischer Information – der Verkäufer hat hier mehr Information als der Käufer – würde zusammenbrechen. Das Ganze, so Akerlof, kann nur funktionieren, wenn dem gut Informierten die Ware weniger wert ist als dem Uninformierten. Diesen Abschlag nennt man den »Zitronenpreis«.

Auf die Kredite bezogen, heißt das: Die Bank, die Kre-

140

dite poolt, weiß in der Regel viel mehr über die Qualität der Kredite als ein Sparer oder eine andere Bank, die Anlagemöglichkeiten sucht. Die Investmentbank bezahlt eine Menge schlauer Köpfe dafür herauszufinden, wie hoch oder niedrig die Ausfallquote der gepoolten Kredite ist. Sie wird nicht einfach den schlechteren Preis akzeptieren, nur weil ein Kunde einen guten nicht von einem schlechten Kredit unterscheiden kann. Darum muss der besser Informierte ein Zeichen geben, wie sicher er ist, dass die Kredite nicht faul sind. {Da reicht keine PowerPoint-Präsentation. So ein Zeichen ist eher eine Art Vorkoster.} Eine Investmentbank übernimmt die First-Loss-Tranche: Sie lädt das größte Risiko auf ihre eigenen Schultern und beweist damit, wie sicher sie sich ihrer Sache ist.

Die Falle mit den zehn Orangen

»Alles verstanden«, sagen die drei Algorithmiker, »damit können wir eine Falle bauen.« {Hier reden wir lieber von Zitrusfrüchten als von Finanzprodukten. Wir wollen nämlich nicht behaupten, dass das, was jetzt kommt, tatsächlich mit Finanzprodukten passiert.} Um die Falle zu verstehen, stellen wir uns die Investmentbank als einen liebenden Vater vor. Er hat für seine vielen Kinder eine Menge Orangen besorgt. Die Kinder sind speziell: Sie essen immer auf und sie beherrschen die Wahrscheinlichkeitsrechnung aus dem Effeff. Aber eine Zitrone von einer Orange unterscheiden – das können sie nicht. Die Kinder befürchten, ihre Zitronen-Orangen-Schwäche sei vom Vater ererbt und etwa eine von zehn Orangen, die Papa gekauft hat, ist in Wahrheit eine Zitrone. Die wollen sie auf keinen Fall essen.

Der Vater ist sich dagegen sicher: Es sind alles Orangen. Nur glaubt ihm das niemand. Deshalb schneidet er alle Früchte auf und verteilt sie zufällig auf viele kleine Schüsseln, je zehn Stückchen pro Schale. Ein wahrscheinlichkeitstheoretisch vorgebildetes Kind erkennt sofort: Wähle ich zufällig eine der Schüsseln aus, dann ist die Wahrscheinlichkeit sehr groß, dass höchstens eines oder zwei von den Stückchen Zitronen sind. {Schon besser, als eine ganze Zitrone zu riskieren, aber verlockend ist es immer noch nicht.} Das ärgert den Vater, denn er ist sich ganz sicher, dass alles Orangen sind. {So weit das Pooling.}

Jetzt kommt Papas großer Vertrauenstrick: »Wenn du in deiner Schüssel ein oder zwei Stück Zitrone findest, dann esse ich die für dich. {Das ist seine First-Loss-Tranche.} Mehr als zwei Stück nehme ich nicht. Ich will dir ja nicht die ganze Schüssel wegessen.« Das überzeugt jedes wahrscheinlichkeitstheoretisch vorgebildete Kind. Erstens, Papa scheint sich sicher zu sein. Zweitens, und viel wichtiger für diese kalt rechnenden Kinder, die Wahrscheinlichkeit, dass mehr als 20 Prozent Zitronen in einer Schüssel gelandet sind, ist wirklich verschwindend gering. Der Vater ist auch glücklich, weil er ja weiß, dass es nur Orangen sind.

Als Nächstes stellen wir uns einen nicht ganz so netten Vater vor. Er weiß, dass Zitronen unter den Orangen sind. {Genau wie die Kinder vermuten: eine von zehn, das war billiger.} Vor den Kindern macht er alles wie oben: Er schneidet alle Früchte auf, verteilt sie auf die Schüsseln. Hält er sich an die Regeln, muss er fast alle Zitronen essen. Wenn er beim Ver-

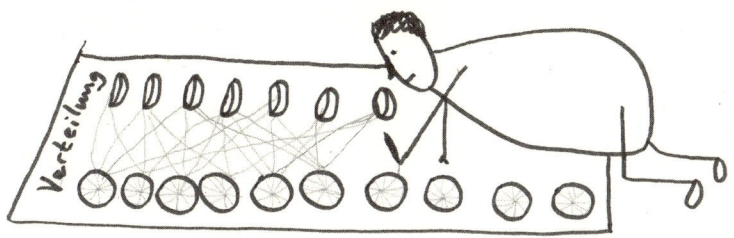

Die Falle beim Zitronenhandel: Die Zitronen sind so unter die Orangen gemischt, dass niemand unterscheiden kann, ob die Aufteilung zufällig war oder bewusst.

teilen auf die Schüsseln nicht gut durchmischt, sondern ein paar der Schüsseln randvoll mit Zitronen macht, dann müsste er nur einen kleinen Teil der Zitronen selbst essen. {Glatter Betrug.} Deshalb muss er es so machen, dass man selbst im Nachhinein nicht unterscheiden kann, ob diese Aufteilung zufällig geschah oder bewusst.

Angenommen, eines der Kinder malt ein Bild, wie der Vater die Früchte aufteilt. Auf der einen Seite die Früchte als Kreise, auf der anderen Seite die Schalen als Kreise. Und zwischen den Kreisen ein Strich, wann immer ein Stück von der Frucht in die entsprechende Schüssel gekommen ist. {Ein Netzwerk.} Wenn der Vater tatsächlich einige Schüsseln nur mit Zitronenspalten füllt, kann das jeder sofort auf dem Bild erkennen. Dass so eine Aufteilung zufällig entsteht, ist extrem unwahrscheinlich. {Die Wahrscheinlichkeit liegt schon bei ein paar Dutzend Früchten weit jenseits der Wahrscheinlichkeit für Tod durch Kometeneinschlag.}

Das Interessante ist, um als Vater beträchtlich weniger Zitronen essen zu müssen, reicht es schon, wenn er die Zitronenstückchen nicht ganz zufällig, sondern ein bisschen konzentriert verteilt. Und das führt zu Aufteilungen, die man von zufälligen Aufteilungen nicht mehr unterscheiden kann. Es ist NP-schwer zu erkennen, ob eine Aufteilung zufällig oder mit ein bisschen Boshaftigkeit entstanden ist. {Natürlich geht das nur mit Zitrusfrüchten und lässt sich nicht auf reale Finanzprodukte übertragen. Das Ganze ist nur ein Gedankenexperiment.}

Real und viel erschreckender ist die Diskussion um das Paper »Computational Complexity and Information Asymmetry in Financial Products«, in dem Sanjeev Arora, Boaz Barak, Markus Brunnermeier und Rong Ge diesen Zusammenhang von Komplexität und Finanzprodukten aufzeigen. Die vier Autoren sind bedeutend genug, als dass man ihren Beitrag nicht einfach ignorieren konnte. Aber es scheint erheblichen Diskussionsbedarf gegeben zu haben. Ein häufiger Einwand war, dass reale Finanzprodukte längst nicht so einfach gestrickt sind wie die im Paper verwendeten Konstruktionen. Die Autoren mussten erklären, dass die Komplexität eines einfachen Spezialfalls nicht dadurch verschwindet, dass man die Sache komplizierter macht.

Wirklich erschreckend sind nicht die CDOs, sondern die Ignoranz gegenüber dem Phänomen der Komplexität. Von vielen Wissenschaftlern und Entscheidungsträgern wird Komplexität immer noch als eine Frage von Mühe oder Geld angesehen und nicht als eine Naturkonstante, an die unsere Systeme mittlerweile gewohnheitsmäßig stoßen. {Es ist bestimmt etwas dran an der exorbitanten Arbeitsmoral junger Investmentbanker. Aber auch sie sind ganz sicher nicht in der Lage, alle Atome des Weltalls durchzuprobieren.} Komplexität ist real. Auch ein Markt kann keine immer größeren

NP-schweren Probleme lösen. Wir kennen nichts, was das Rechnermodel der Turingmaschine übersteigt und damit der Komplexitätstheorie enthoben wäre. Außer den Quantencomputer.

Eine sehr kleine Tombola

Wenn ich mittags mit algorithmischem Weltschmerz in die Mensa gehe und vor mich hin lamentiere: »Die Komplexität überall. Echt schlimm. Die Wirtschaft und alles. So komplex. Aber ist ja auch gut so, wegen der Verschlüsselung«, dann setzt sich irgendwann ein netter Kollege neben mich und sagt:

»Sebastian, Komplexität. Lass mal stecken. Denk an Heisenberg.«

»Heisenberg? Duisenberg hieß der EZB-Präsident.«

»Nein, der Heisenberg. Unschärferelation, Quantencomputer, qBits, Faktorisierung in polynominaler Zeit!«

»Quantencomputer! Die gibt's doch gar nicht.«

»Doch, es gibt welche. Sie haben sogar schon eine Zahl in ihre Primfaktoren zerlegt.«

»Ja, stimmt. Die Zahl 15. Moment, 15 ist 3 mal 5. Das muss die NSA unbedingt wissen.«

»Das entwickelt sich noch. Die großen IT-Unternehmen überlegen schon, wie sie damit Geld verdienen können.«

»Nein, sie überlegen, *ob* man damit Geld verdienen kann.«

Er hat ja recht. Der Quantencomputer ist das einzige Rechnermodell, das mehr kann als die Turingmaschine. Einen auch nur halbwegs leistungsfähigen Quantencomputer gibt es noch nicht, und es gibt ernst zu nehmende physikalische Probleme, die verhindern könnten, dass es Quantencomputer jemals in großem Maßstab geben wird. Aber wahrscheinlich wird man diese Probleme in den Griff bekommen, und leistungsfähige Quantencomputer in der einen oder anderen Form werden Realität.

Was es heute schon gibt, sind Algorithmen für das Rechnermodell des Quantencomputers. Den berühmtesten davon hat Peter Shor 1994 veröffentlicht. Shors Algorithmus kann eine natürliche Zahl in ihre Primfaktoren zerlegen und braucht dafür höchstens die Zeit, die durch ein Polynom in der Anzahl der Stellen dieser Zahl begrenzt ist. Das heißt, die Zeit, die man braucht, um das Problem, auf dem die RSA-Verschlüsselung beruht, mit einem Quantencomputer zu lösen, wächst nicht so explosionsartig wie ohne den Quantencomputer. Grund genug, sich auf die Reise zu machen, um zu verstehen, was das eigentlich ist, das Rechnermodell eines Quantencomputers.

Exkursion zu den qBits

Eine Turingmaschine – und damit jeder normale Rechner – ist im Prinzip ein Blatt Karopapier, auf das man in jedes Kästchen 0 oder 1 schreiben kann: ein Bit. Ein Bit ist die kleinste Information. Das ist die informationstheoretische Bedeutung eines Bits. Physikalisch kann man ein Bit tatsächlich durch ein Karokästchen mit einer 0 oder einer 1 realisieren. Technisch nimmt man für einen leistungsfähigen Computer lieber etwas anderes, zum Beispiel unterschiedliche elektrische

Ladungszustände. {Die brauchen weniger Platz und lassen sich schneller ändern als eine 1, die man ausradiert und durch eine 0 ersetzt.}

Ein normaler Computer liest und schreibt Bits. Ein Quantencomputer funktioniert im Grunde genauso wie eine Turingmaschine, nur dass er anstelle von Bits mit Quantenbits, qBits, arbeitet. Ein qBit ist wie ein Rubbellos. Wenn man das Los aufrubbelt und es ist eine Niete, ist es nichts mehr wert, also 0. Wenn man es aufrubbelt und es ist ein Gewinn, ist es eine 1. Solange das Los aber nicht aufgerubbelt, sondern heil ist, ist es weder 0 noch 1. Es gibt nur eine Wahrscheinlichkeitsverteilung, dass es 0 oder 1 sein wird, wenn man es aufrubbeln wird.

Das ist die informationstheoretische Geschichte zum qBit. Wie kann man so ein Rubbellos physikalisch umsetzen? Ein qBit stellt man sich als eine Eigenschaft eines Elementarteilchens vor, beispielsweise den Ort oder den Impuls eines Elektrons. {Meistens redet man vom Spin – aber Ort und Impuls tun es auch, und klingen vertrauenserweckender.} Jeder Schüler weiß, die roten Kugeln, die Physiklehrer einem als Elektronen zeigen, sind nur ein Symbol für ein Elektron. In Wirklichkeit hat noch keiner ein Elektron gesehen – und kann es auch nie sehen. Es gibt einen sehr tief greifenden Unterschied zwischen roten Kugeln und Elektronen: Eine Kugel ist zu jedem Zeitpunkt an einer bestimmbaren Stelle im Raum und hat einen bestimmbaren Impuls. Bei einem Elektron kann man Ort und Impuls nicht gleichzeitig exakt bestimmen. {Das ist eines der Phänomene, die man als Heisenbergsche Unschärferelation bezeichnet.} In der gängigen Interpretation der Quantenphysik *ist* der Ort des Elektrons eine

Wahrscheinlichkeitsverteilung. Das Elektron ist ein bisschen hier, ein bisschen dort. Wenn man genau nachmisst, wo das Elektron ist, bricht seine Existenz als Wahrscheinlichkeitsverteilung zusammen. {Man rubbelt das Los auf, und es ist kein Los mehr, sondern entweder wertlos oder ein Gewinn.} Das ist ein Teil der physikalischen Geschichte der qBits. Die technische Seite, also wie man die fragilen Effekte aus der Quantenmechanik in großen Mengen zusammenbringt, um damit einen Rechner zu bauen, der qBits schreibt, wie andere Rechner Bits schreiben, steckt noch in den Kinderschuhen.

Ein qBit ist nicht 0 oder 1, sondern eine Wahrscheinlichkeitsverteilung zwischen 0 und 1. Das allein führt noch nicht über die klassische Turingmaschine hinaus. Es müssen noch zwei weitere Eigenschaften der qBits genutzt werden, damit das Rechnermodell prinzipiell nicht durch eine Turingmaschine ersetzt werden kann. Die eine wichtige und berühmte Eigenschaft ist, dass man gekoppelte qBits herstellen kann: Ich kann zwei oder mehr Rubbellose ziehen und sicher sein, beide haben den gleichen Wert. Ohne dass ich weiß, was dieser Wert ist. Folgendes steckt dahinter: In physikalischen Prozessen entstehen zwei oder mehr Teilchen, deren Ort oder Impuls nicht genau bestimmt sind. Sie sind nur Wahrscheinlichkeitsverteilungen. Aber wenn man eines davon misst, hat man die Gewissheit, was beim anderen herauskommt, weil sie im gleichen Prozess entstanden sind.

Die zweite Schlüsseleigenschaft ist, dass man qBits nicht nur schreiben und radieren kann. Man kann sie auch drehen. Ein qBit ist wie eine Uhr mit einem Zeiger. Steht der Zeiger waagerecht, zum Beispiel auf 3 Uhr, dann misst man das qBit mit Sicherheit im Zustand 1. Steht der Zeiger senkrecht, zum Beispiel auf 12 Uhr, misst man mit Sicherheit Zustand 0. Steht er schräg, gibt es ein bisschen Wahrscheinlichkeit für 0 und ein bisschen für 1. In diesem Sinne kann man die Wahrscheinlichkeit drehen und so etwas verändern. Bei diesem Drehen ist wichtig: Wenn man den Zeiger ein bisschen dreht, zum Beispiel von 3 Uhr auf 2 Uhr, verändert sich die Wahrscheinlichkeit nur verhältnismäßig wenig. Dreht man ihn aber weiter, zum Beispiel in den Bereich zwischen 1 Uhr und 2 Uhr, dann verändert sich die Wahrscheinlichkeit stark.

Diese drei Dinge zusammen sind es, die das Rechnen mit qBits prinzipiell mächtiger machen als mit normalen Bits: Es sind Wahrscheinlichkeitsverteilungen bis zu dem Zeitpunkt, an dem man sie misst. Man kann sie koppeln. Und man kann sie drehen. Wenn das alles geht, kann man natürlich auch schnell faktorisieren. {Nicht klar, wie das geht? Es wird auch nicht klar! Shors Algorithmus ist schon in der Kinderbuchversion nur für Mathematiker zu genießen.} Man kann sich eine andere Geschichte anschauen, an der man gut sieht, wie die Möglichkeiten eines Quantencomputers die Grenzen des Umgangs mit Information sprengen. Diese Geschichte ist eine der berühmtesten Liebesgeschichten des Planeten.

Die Liebe in Zeiten der Quantencomputer

Hannah und Paul führen eine Abstandsbeziehung. {Nicht zu verwechseln mit einer Fernbeziehung.} In einer Abstandsbeziehung respektiert man, dass jeder Mensch ein bisschen Abstand zum anderen braucht. Deshalb wohnt Hannah in Berlin-Charlottenburg und Paul in Berlin-Prenzlberg. Die Tage verbringen sie getrennt. Am Abend überkommt die beiden – manchmal und unabhängig voneinander – das Bedürfnis, den anderen zu treffen. Das muss man sich wie einen inneren Münzwurf vorstellen. Fällt die Münze von Hannah auf Kopf, möchte sie Paul sehen. Fällt sie auf Zahl, bleibt sie lieber für sich. Bei Paul läuft es genauso: Unabhängig von Hannah will Paul sie mit einer Wahrscheinlichkeit von 50 Prozent) sehen und mit gleicher Wahrscheinlichkeit nicht sehen.

Was kann man in einer Abstandsbeziehung als einen gelungenen Abend bezeichnen? Ein Treffen ist nur dann eine gute Idee, wenn beiden der Sinn danach steht. Ansonsten ist es besser, den Abend getrennt zu verbringen. Da man dem Abstandsbedürfnis des geliebten Menschen Respekt entgegenbringt, empfinden Hannah und Paul auch einen getrennten Abend als gelungen, falls nur einer von ihnen Lust hatte, sich zu treffen. Man muss es wohl ausdrücklich dazusagen: Hannah und Paul haben durchaus ein Interesse an ihrer Beziehung und an gelungenen Abenden. Sie suchen sogar einen Weg, die Anzahl der gelungenen Abende zu maximieren.

Um das Problem dabei zu verstehen, muss man sich vor Augen führen, wie so ein Abend in einer Abstandsbeziehung abläuft. Angenommen, Hannahs innere Münze fällt auf Kopf, sprich, sie will Paul sehen. {Beziehungsnaive Menschen würden jetzt in die S-Bahn springen und zu Paul fahren.} Sehr naiv, denn Hannah weiß nicht, ob Pauls innere Münze auch auf Kopf gefallen ist. Sie könnte anrufen: »Hallo, Schatz, meine innere Münze ist auf Kopf gefallen. Kann ich vorbeikommen?« {Anrufen ist ein treffsicherer Abstandsbezie-

hungskiller. Es zeugt von Überwachungsmentalität, ist besitz-
ergreifend und im Grunde charakterlos.} Also: keine Anrufe
oder Ähnliches.

Zurück zu Hannah an einem Abend, an dem ihre innere
Münze auf Kopf liegt. Angenommen, sie setzt sich in die S-
Bahn und fährt zu Paul, ohne zu wissen, was er möchte. {Ris-
kant, aber charakterstark.} Wenn Pauls innere Münze auch auf
Kopf liegt, steigt der zur gleichen Zeit in die S-Bahn nach
Charlottenburg. Sie verpassen sich also ausgerechnet dann,
wenn sich beide ein Treffen wünschen. {Schlechte Strategie,
immer zum anderen zu rennen, nur weil die eigene innere Münze auf Kopf fällt.}

An einem gemeinsamen Abend können Hannah und Paul
eine bessere Strategie entwickeln: Paul bleibt immer, wo er
ist, und Hannah fährt zu ihm, wenn ihre innere Münze auf
Kopf fällt. {Gar nicht schlecht.} Immerhin werden mit dieser
Absprache auf lange Zeit im Schnitt drei Viertel der Abende
gelingen. Schief geht es nur, wenn sie will, aber er nicht, also
im Schnitt an einem von vier Abenden. Oder sie entwickeln
eine kompliziertere Strategie: Jeden zweiten Abend bleibt
Hannah daheim, und Paul richtet sich nach seiner inneren
Münze. Oder sie tauschen an einem gemeinsamen Abend
Abstandsbeziehungskalender aus. {Kann man fertig kaufen.}
Völlig egal, wie verrückt die Strategie von Hannah und Paul
ist, die kalte Mathematik beweist, was man schon erwartet:
In so einer Beziehung können niemals mehr als drei Viertel
der Abende gelingen.

Drei Viertel gute Abende kann man auch ganz einfach erreichen: Jeder bleibt, wo er ist. Immer. Das gibt immer einen
gelungenen Abend, bis auf das eine Viertel der Fälle, wenn

beide sich treffen wollen. Gut, man sieht sich bei dieser Strategie gar nicht mehr. Aber es ist im Mittel eine der besten Strategien für eine Abstandsbeziehung. Das klingt alles ein bisschen traurig: Mathematisch bewiesen, dass man auf Dauer an nicht mehr als drei von vier Abenden glücklich sein kann. Bei aller Strategie, am Ende gilt: Sie lieben sich. Die inneren Münzen von Liebenden sollten miteinander verbunden sein, über alle S-Bahn-Stunden und beziehungstechnischen Abgründe hinweg ineinander verschränkt – wie Elementarteilchen. Wären Hannahs und Pauls innere Münzen gekoppelte qBits, dann würde jeder von ihnen genau dann zum anderen wollen, wenn der auch will. {100 Prozent glückliche Abende!}

Das Ende der Welt, wie wir sie kennen

Herzen kann man nicht koppeln. Aber man kann schon heute gekoppelte qBits herstellen und sie verwenden, um für Hannah und Paul die Chance auf einen gelungenen Abend von drei Viertel, also 75 Prozent, auf über 80 Prozent zu erhöhen. {Die beiden müssten nur über adäquates Laborgerät in ihren Wohnungen verfügen.} Die Sache funktioniert so: Hannah und Paul erzeugen gemeinsam zwei gekoppelte qBits und nehmen je eines davon mit nach Hause. Am Abend misst jeder sein qBit. Weil die qBits gekoppelt sind, messen beide den gleichen Zustand: entweder beide 0 oder beide 1. 0 bedeutet fahren, 1 bedeutet bleiben. Daran halten sich beide. Fährt der eine, fährt auch der andere, und sie sehen sich nie. {So weit waren wir auch schon ohne den Quantenspuk.} Deshalb messen die beiden ihre qBits nicht sofort, sondern hören zuerst auf ihre inneren Münzen.

Wenn Hannahs innere Münze ein Treffen will, dreht sie ihr qBit – bevor sie es misst – um ein Viertel eines rechten Winkels. Das sind 22,5 Grad. Paul macht es genauso, wenn er sich treffen will, nur dass er sein qBit in die andere Richtung um 22,5 Grad dreht. Was bewirkt das? Wenn keiner von beiden sich treffen will, ist alles wie gehabt. Die gekoppelten qBits haben mit Sicherheit den gleichen Wert. Hannah und Paul verpassen sich, und das ist auch gut so. Wenn nur einer von beiden dreht, entsteht eine kleine Wahrscheinlichkeit, dass sein qBit anders ausfällt als das andere qBit. Mit dieser kleinen Wahrscheinlichkeit wird einer fahren und einer in seiner Wohnung bleiben. Die beiden treffen sich und es gibt Streit, denn nur einer wollte sich treffen. Es gibt also ein paar mehr schlechte Abende als in der Jeder-bleibt-zu-Hause-Strategie.

Besser als die Jeder-bleibt-zu-Hause-Strategie ist Folgendes: Wenn bei beiden die Münze auf Kopf fällt, werden beide drehen. Dann entsteht eine mehr als doppelt so hohe Wahrscheinlichkeit, dass die qBits nicht den gleichen Wert haben werden. Das heißt, die Chance, sich zu treffen, erhöht sich stärker, wenn beide sich treffen wollen, als wenn nur einer von beiden will. Im Ganzen 5 Prozent mehr gelungene Abende für Hannah und Paul. {Ziemlich viel Aufwand – und alles nur, weil man nicht telefonieren darf.}

Auf der einen Seite ist der Effekt klein. Auf der anderen Seite ist er bahnbrechend. Das Beispiel gibt einen guten Eindruck davon, welche Möglichkeiten Quantencomputer bieten könnten. Es ist durchaus nicht so, dass danach alles ganz einfach zu berechnen sein wird. Quantencomputer würden

Dinge ermöglichen, die im klassischen Turingmodell unmöglich sind. Das ist bahnbrechend, auch wenn der Effekt am Ende nur klein erscheint.

Die Sache mit Hannah und Paul nennt man das EPR-Paradox, nach Albert Einstein, Boris Podolsky und Nathan Rosen, die es 1935 als Gedankenexperiment veröffentlicht haben. Einstein sah darin einen Grund, dass mit der Theorie der Quantenmechanik irgendetwas nicht ganz in Ordnung sein konnte. Er glaubte nicht, dass so etwas tatsächlich möglich ist. Einsteins Sorge rührte aus der Signalgeschwindigkeit: Nichts bewegt sich schneller als das Licht. Das gilt auch für Information, die ja irgendwie übermittelt werden muss. Die zwei Teilchen, die gemeinsam aus einem Experiment mit bestimmten gekoppelten Eigenschaften hervorgehen, haben als Eigenschaften Wahrscheinlichkeitsverteilungen. Man entfernt die beiden ein gutes Stück weit voneinander, zum Beispiel in Hannahs und Pauls Wohnung, und dann misst Hannah die Eigenschaft ihres Teilchens. In dem Augenblick, wo Hannah den Zustand ihres Teilchens misst, liegt auch der Zustand von Pauls Teilchens fest. Aber wie soll die Information darüber, wie sich Hannahs Teilchen entschieden hat, so schnell quer durch Berlin zu Pauls Teilchen gelangen? 1964 hat John Bell aus dem Gedankenexperiment EPR ein reales Experiment gemacht. Es ist kein Fehler der Theorie. Es ist wirklich so. Die gängige Sprechweise heute lautet, dass die Information nicht mit mehr als Lichtgeschwindigkeit von Hannahs zu Pauls Teilchen gelangt, sondern schon zum Zeitpunkt der gemeinsamen Erzeugung geteilt worden ist.

Was bedeuten Quantencomputer für Algorithmen und Komplexität? Angenommen, man kann einen leistungsfähigen Quantencomputer bauen, also einen Apparat, der eine große Menge qBits herstellt, koppelt, dreht und misst, so dass man zum Beispiel Shors Algorithmus darauf laufen lassen kann. Gibt es dann keine Verschlüsselung mehr? Shors Algorithmus hat polynomiale Laufzeit. Das heißt aber nicht, dass er furchtbar schnell wäre, etwa wie der Dijkstra-Algorithmus. Trotzdem würde man sich wohl besser nach einem neuen Verfahren zur Verschlüsselung umschauen. Das ist durchaus möglich. Auch Quantenalgorithmen haben Grenzen. So wie es Quantenalgorithmen gibt, so gibt es Komplexitätstheorie für Quantencomputer und entsprechende Ansätze zur Verschlüsselung. {Die Gravitation wird eine andere sein, aber sie wird nicht verschwinden.}

5. Das Wunderland

Kalifornische Suchmaschinen muss man gesehen haben

Das erste Wunder: Chinesische Heereszählung

Es scheint, als vollbringen Algorithmen Wunder: Ein paar Schlagworte, und sie fischen aus Milliarden von Webseiten heraus, was mich persönlich interessiert. Man zeigt ihnen verrauschte Bilder aus Diagnosegeräten oder bewölkte Satellitenaufnahmen, auf denen Menschen rein gar nichts sehen können, und Algorithmen machen daraus gestochen scharfe Aufnahmen. Sie wissen schon, welchen Film ich sehen möchte, während ich noch die Kartoffelchips aussuche. Und dann belauschen sie mit meiner Chipstüte meine Gespräche. {Wenn das keine Zauberei ist, welchen Teil der Realität habe ich dann nicht kapiert?}

Die meisten Zaubertricks entstehen durch Symbiose eines Algorithmus mit einem Kriterium. Solche Symbiosen schauen wir uns auf dieser Tour an. Das erste Wunder auf unserer Tour durch diese Region ist eine alte chinesische Weisheit, in der Algorithmus, Mathematik, Kriterium und Anwendbarkeit ganz sauber voneinander getrennt werden können. Danach tauschen wir die mathematischen Wanderschuhe gegen kalifornische Strandlatschen und springen hinein ins Netz der Algorithmen. Wir werden das Prinzip moderner Suchmaschinen wie Google kennenlernen, die wir in Ruhe besichtigen. Die nächste Station der Tour sind Kriterien, von denen niemand weiß und auch nicht wissen möchte, wie sie genau aussehen. Solche Kriterien schlagen uns Bücher vor und filtern E-Mail-Spam. Am Ende tauchen wir ab zu den skurrilen Wesen der Tiefsee, von denen manche Wissen aus dem Rauschen filtern können – und wir klären das mit der Chipstüte.

Beginnen wir unsere Reise durch das Wunderland dort, wo der Planet noch in Ordnung ist, bei einem alten mathematischen Zaubertrick. Lange vor Google gab es einen blinden chinesischen General. {So einen mit Pferd und Schwert und Rüstung.} Der Legende nach hatte er ein riesiges Heer. Vor der Schlacht mochten es 30 000 Soldaten gewesen sein. Am Morgen nach der Schlacht wollte der General wissen, wie viele seiner Soldaten übrig geblieben waren. Da er blind war, sollten die Soldaten selbst durchzählen – wie im Sportunterricht.

Die legendären Soldaten konnten nicht bis 30 000 zählen. Sie konnten vielleicht bis 100 zählen – oder bis 35. {Bis 35 zählen zu können, ist in Heeren mit bis zu 30 030 Soldaten von unterschätzter strategischer Bedeutung.} Wie durch ein Wunder kann der General die Reste seiner Truppen nach der Schlacht zählen lassen, wenn jeder Soldat zumindest bis 35 zählen kann – und der General ein Korollar aus der Zahlentheorie kennt, das schon im 3. Jahrhundert in einem chinesischen Mathematikbuch zu finden war: der sogenannte Chinesische Restsatz. Der heißt nicht so, weil damit ein blinder chinesischer General die Reste seiner Truppen zählte, sondern weil er etwas mit den Resten zu tun hat, die beim Teilen übrig bleiben. {Die Story mit dem General hält sich aber hartnäckig.}

Wir erinnern uns an die Grundschule. Wie einfach war das Rechnen, bevor sie mit den Stellen hinter dem Komma ange-

Am Morgen nach der Schlacht wollte der blinde General wissen, wie viele seiner Soldaten übrig geblieben waren.

fangen haben. Wenn man 21 durch 5 teilt, kommt 4 raus und 1 bleibt als Rest. Klar: 1 geht nicht mehr durch 4. {Eine ganz ehrliche Sache.} Fürs mathematische Poesiealbum: Der Rest ist immer kleiner als das, wodurch man teilt. {Wer beim Teilen durch 5 einen Rest 8 lässt, geht bitte noch mal den Rest teilen.} Reste sind Merkmale einer Zahl. Man kennt das von den Resten beim Teilen durch 2. Sie bestimmen, ob eine Zahl gerade oder ungerade ist. Betrachtet man alle Reste, die eine Zahl hinterlässt, wenn man sie durch verschiedene Teiler teilt, ergibt sich ein vollständiges Charakterbild dieser Zahl. Es reicht sogar, einige wenige dieser Reste zu kennen, um genau bestimmen zu können, um welche Zahl es sich handelt. {Reste sind sozusagen der Fingerabdruck der Zahlen.}

Für unser chinesisches Generalsbeispiel: Man kann jede Zahl zwischen 1 und 30 030 eindeutig erkennen, wenn man weiß, welche Reste von ihr beim Teilen durch 26, 33 und 35 bleiben. Jede Zahl zwischen 1 und 30 030 hat eine andere Kombination aus Resten bezüglich dieser drei Zahlen. {Bevor jemand einen Verschwörungsthriller über 26, 33 und 35 schreibt.} Man kann auch andere Zahlen nehmen. Man muss nur sicherstellen, dass keine zwei von ihnen einen Teiler gemeinsam haben und dass ihr Produkt mindestens so groß ist wie die gesuchte Zahl. {Das ist der chinesische Restsatz.} In diesem Fall stimmt das: 26 ist 2 mal 13, 33 ist 3 mal 11, und 35 ist 5 mal 7. Sie haben also keinen Teiler gemeinsam. Ihr Produkt, also 26 mal 33 mal 35, ist 30 030.

Für den blinden General ist der Restsatz die Rettung. Er bittet seine Soldaten, zunächst mit 26 durchzuzählen, jeder zählt demnach wie beim normalen Durchzählen eine Zahl weiter als sein Vorgänger. Es sei denn, der Vorgänger hat 26 gesagt. In dem Fall sagt der Soldat wieder 1. Auf diese Weise erfährt der General vom letzten Soldaten den Rest bezüglich des Teilens durch 26. Dann kommt die nächste Zählung jeweils bis 33 und dann der letzte Durchlauf bis 35. Kleines Problem: Der General kennt jetzt die Reste, die seine Truppenstärke eindeutig bestimmen. Aber die Truppenstärke kennt er immer noch nicht. {Er hat eine Landkarte, aber noch keinen Weg.} Es fehlt ein Algorithmus, der aus den Resten die Anzahl bestimmt.

Es gibt einen einfachen und schnellen Algorithmus, um die kleinste Zahl zu finden, die eine gegebene Kombination aus Resten hinterlässt, eine Erweiterung des Euklidischen Algorithmus. {Das wäre eine kleine, private Tour. Mathematisch nicht lebensgefährlich, aber an ein paar Formeln sollte man sich schon anseilen können.} Man erkennt gut die Symbiose: Der Chinesische Restsatz ist kein Algorithmus. Er ist eine mathematische Aussage. Er liefert ein Kriterium, um aus wenigen charakteristischen Merkmalen – den Resten – eine sehr große Zahl zu bestimmen. {Zauberhafte Mathematik.} Dieses Kriterium ist zwischen zwei Algorithmen einquetscht: dem verteilten Durchzählen, um die Reste zu bestimmen, und dem hier nicht erklärten Algorithmus, um die kleinste zu den Resten passende Zahl zu finden.

Zwei klar formulierte Bedingungen müssen dafür erfüllt sein: Erstens, die Zahlen zum Durchzählen sind teilerfremd, zweitens, ihr Produkt ist größer als die gesuchte Zahl. Zugegeben, das Erste ist eine mathematisch zu überprüfende Voraussetzung. {Aber harmlos.} Die zweite Voraussetzung muss man nicht-mathematisch diskutieren. Waren es vor der Schlacht sicher nicht mehr als 30 030? Vielleicht hatte sich ja die Hälfte versteckt. {Das wäre vor einer Schlacht sicher keine dumme Idee.}

Die Soldaten, die kaum bis 100 zählen können, können wohl kaum eine Diskussion über die Richtigkeit des Ergebnisses führen. Aber alle könnten sie die Voraussetzung diskutieren. Der Anteil an Mathematik und Algorithmen verleitet zu Selbstentmündigung. Und das kann sehr schnell gefährlich werden: Sagen wir, 29 206 Soldaten können nach der Schlacht noch zählen. Das Heer ist fast genauso stark wie zuvor. Sie zählen durch auf 26 und melden: Rest 8. Sie zählen durch auf 33: Rest 1. Dann zählen sie ein drittes Mal durch, und einer der Soldaten verliert die Konzentration und zählt eins zu weit. Das Ergebnis sollte 16 sein, aber lautet nun 17.

»Wird so schlimm schon nicht sein«, denken sich die Soldaten, »wir sind ja noch fast alle da. Da kommt es auf einen
mehr nicht an.« Als der General die letzte Zahl hört, gefriert
ihm das blinde Gesicht, und er befiehlt einen fluchtartigen
Rückzug. Die Reste 8, 1, 17 gehören zur Zahl 892.

Das zauberhafte Zählen mit dem Chinesischen Restsatz ist
eine nervöse Angelegenheit. Eine kleine Abweichung kann
das Ergebnis um Welten verändern. Es hat aber klar definierte Voraussetzungen. Sind die erfüllt, findet das Verfahren mit
mathematischer Gewissheit die richtige Antwort. Man kann
den Algorithmus auch mit einer Fehlerwarnung ausstatten.
Einfach zweimal zählen lassen. Aber das ändert nicht viel
am grundlegenden Problem: Algorithmen sind wie der blinde General. Sie funktionieren nur, wenn sie den richtigen Input bekommen. Deshalb bleibt die Verantwortung für ihre
Ergebnisse bei uns.

So sauber geht es im Wunderland selten zu. In vielen der
Symbiosen auf unserer Tour spielt Mathematik eine Rolle. Daraus folgt nicht, dass Korrektheit und Anwendbarkeit
auch dort mathematische Gewissheit beanspruchen können.
{Ein windiges Kriterium wird nicht dadurch stabiler, dass man es
mit einem Algorithmus auswertet oder in einschüchternder Mathematik ausdrückt.} Eine Partnervermittlung, die mit ihrem
Algorithmus wirbt, missbraucht unseren Wunderglauben an
Algorithmen. Für gewöhnlich hat sich die Vermittlung Kriterien überlegt, um Partner vorzuschlagen. Schon möglich,
dass sie Algorithmen verwendet, um diese Kriterien auszuwerten. Die Algorithmen können über jeden Zweifel erha-
ben sein. Die zugrunde gelegten Kriterien sind Annahmen,
die jeder von uns genauso gut diskutieren kann wie ein Al-

gorithmiker. Auf die Gefahr hin, wissenschaftstheoretisch platt zu werden: Es gibt kein Spezialgebiet der Mathematik, dessen Gegenstand das Gelingen zwischenmenschlicher Beziehungen ist. {Zugegeben, mancher Beziehung hilft der Glaube, von wunderbaren Mächten zusammengefügt zu sein.}

Das zweite Wunder: Das Netz der Algorithmen

Die Ideengeschichte moderner Suchmaschinen begann 1916 in einem Flüchtlingslager südlich von Wien. Der Arzt Jacob Moreno war für die etwa 10 000 Menschen verantwortlich, die vor den italienischen Truppen in Sicherheit gebracht worden waren. Er suchte nach einem Weg, um die Spannungen unter den Flüchtlingen zu reduzieren. Dazu wollte er wissen, wer mit wem gut auskommen könnte. Er brauchte eine Methode, um das soziale Netz von mehreren Tausend Menschen zu überblicken. Die Ideen, die ihn hier leiteten, insbesondere das Denken in Netzwerken, bilden seit 1998 den Kern der Kriterien, mit denen nach Webseiten gesucht wird.

Um Googles Kern zu verstehen, besuchen wir eine Grundschulklasse, so wie Moreno es als Soziologe selbst getan hat. Nicht in der Mathestunde, sondern während der Pause. {Kein Rechnen mit Rest mehr, versprochen!} Wir fragen jedes Kind auf dem Pausenhof, wer seine Freunde sind. Das Ergebnis der Umfrage malen wir auf ein Blatt Papier. {Bevor jetzt Eltern zum Telefon greifen: Die Daten werden total anonymisiert.}

Für jedes Kind zeichnen wir wild über das DIN-A4-Blatt verteilt je ein Kästchen. Wenn Paul sagt, Leander sei sein

Pausenhof: Die Struktur dieses Netzwerks ist charakteristisch für komplexe menschliche Beziehungen.

Freund, dann zeichnen wir einen Pfeil von Paul zu Leander. Erste Lektion Grundschulpausenhof: Das sagt nichts darüber aus, ob es auch einen Pfeil von Leander zu Paul geben wird. Freundschaft ist erst einmal asymmetrisch. {Das Bild, das dabei herauskommt, spricht Bände.} Wer sich in so ein Freundschaftsnetzwerk vertieft, sieht Fußballteams, Mädchenschwärme, Eigenbrötler, Außenseiter und Kümmerer. Ohne ein einziges der Kinder je gesehen oder gesprochen zu haben, entstehen aus den Kästchen und Pfeilen ganze Schulromane von Freundschaft, Sehnsucht und Traurigkeit: Die Struktur dieses Netzwerks ist charakteristisch für komplexe menschliche Beziehungen. Zweite Lektion Grundschulpausenhof: Zeigt man der Schulklasse das fertige Bild, kann jeder Schüler genau erkennen, wer wer ist, und damit auch wissen, wer wen als Freund angegeben hat. {Die Eltern, die sich von der Anonymisierung der Daten haben beruhigen lassen, sind herzlich naiv.}

Es scheint, dass man allein aufgrund der Kästchen und Pfeile soziale Rollen bestimmen kann. Woran erkennt man in so einem Netz eine bestimmte soziale Rolle? Muss man für jede Schulklasse neue Argumente und Konzepte mitbringen und eine eigene Geschichte erzählen? Oder gibt es einige allgemein taugliche Regeln, beispielsweise um den beliebtesten Schüler auszumachen? Probieren wir es aus. Der beliebteste Schüler ist derjenige, auf den die meisten Pfeile zeigen. Ist das ein gutes Kriterium? Nein, denn es kann schnell schiefgehen. Manche Schüler verstehen die Frage leichtfertiger als andere. Während die einen nur die engsten Freunde benennen, geben sich in der Fußballmannschaft alle gegenseitig als Freund an. Das heißt aber nicht, dass in der Klasse alle Fußballer besonders beliebt sind.

Brausepulver und Unternehmensberater

Wir müssen das Kriterium überarbeiten: Wer viele Mitschüler als seine Freunde angibt, dessen Pfeile sollten weniger stark berücksichtigt werden als bei Schülern, die wenige Freunde angeben. Man kann sich das so vorstellen: Jedes Kind bekommt ein Päckchen Brausepulver, das es gerecht unter seinen Freunden aufteilen soll. Gibt jemand drei Freunde an, bekommt jeder von ihnen ein Drittel der Tüte. Hat jemand zehn Freunde, bekommt jeder von denen viel weniger. Nachdem alle Schüler ihr Brausepulver weitergegeben haben, werden ein paar Kinder weniger Pulver haben und ein paar Kinder mehr. Daran messen wir die Beliebtheit.

Wie sieht das Ergebnis aus: In der Fußballmannschaft bekommt jeder von jedem Brausepulver, aber jeweils nur ein kleines bisschen. Wenn sich alle Fußballer gegenseitig als Freunde angeben, hat am Ende jeder wieder genau ein Päckchen. In einer Clique von drei Freunden bekommt jeder von seinen zwei Freunden ein halbes Päckchen, also im Ganzen auch wieder ein ganzes Päckchen. Unterschiede entstehen nur, wenn jemand auch von anderen Gruppen Brausepulver bekommt oder innerhalb einer Gruppe von mehr Leuten etwas bekommt als andere. Das Brausepulverkriterium für meine Beliebtheit berücksichtigt also zwei Aspekte: Erstens, wie viele Mitschüler mich als ihren Freund ansehen, und zweitens, mit wie vielen ich mir diese Freundschaft teile. {Klingt nach einem brauchbaren Kriterium für Beliebtheit. Und es lässt sich einfach mit Brausepulver berechnen.}

Ist das ein gutes Kriterium für die Beliebtheit der Schüler? Ja, von mir aus, werden die Eltern sagen. {Drehen wir mal an der Horrorschraube, damit die Frage ernst genommen wird.} Sollten Lehrer mit diesem Kriterium die soziale Kompetenz ihrer Schüler bewerten? Im Grunde tun sie das schon, denn das zugrunde liegende Netzwerk haben Lehrer und Schüler auch ohne Umfrage mehr oder weniger im Kopf. Was spricht dagegen, es für eine mathematisch objektive Bewertung der Sozialkompetenz zu verwenden? Und wenn man dieses Kriterium ablehnt, wie könnte ein besseres Kriterium aussehen?

Es gibt andere Kriterien für Netzwerke. Starten wir dazu noch eine Umfrage: diesmal im Büro. Wir fragen jeden Mitarbeiter, von wem er sich etwas sagen lässt. Wir zeichnen wieder die Pfeile und versuchen, aus dem Netzwerk abzulesen, wer wirklich »etwas zu melden« hat. Wenn viele Pfeile auf einen Mitarbeiter zeigen, hat er viel Einfluss. Wenn umgekehrt von einem Mitarbeiter viele Pfeile abgehen, wenn er Diener vieler Herren ist, muss man jeden einzelnen dieser Pfeile schwächer werten. Insoweit passt das Brausepulverkriterium vom Schulhof auch hier. Aber irgendetwas stimmt noch nicht. Es ist ein Unterschied, ob mich der Pförtner für wichtig hält oder Kollegen auf mich hören, die selber viel Einfluss besitzen. Ein Pfeil von einem mächtigen Kollegen macht mich mächtiger als ein Pfeil von einem Einflusslosen. Entsprechend sollten die Pfeile unterschiedlich stark gewertet werden. Können wir diesen Effekt in das Brausepulverkriterium integrieren? Was wir hier wollen, klingt zirkulär: Um zu wissen, wie mächtig ein Mitarbeiter ist, müssen wir vorher wissen, wie mächtig die Mitarbeiter sind, die auf ihn hören. {Das klingt nicht nur zirkulär, das ist zirkulär.} Aber in Netzen muss man sich vor Zirkulationen nicht fürchten.

Die Lösung ist ein Unternehmensberater, der das Brausepulver verteilt. Er kennt a priori die wahre Verteilung der Macht und verteilt das Pulver entsprechend. {Woher er so etwas weiß? Er war sehr teuer.} Wir können überprüfen, ob er das Pulver sinnvoll verteilt hat. Und zwar so: Die Mitarbeiter geben ihr Pulver genauso weiter wie die Kinder auf dem Schulhof. Der einzige Unterschied: Auf dem Schulhof haben am Anfang alle gleich viel. In der Firma haben manche am Anfang mehr und manche weniger, je nachdem, wie mächtig der Berater sie eingeschätzt hat. Wenn nach der Weitergabe alle

Brausepulver auf dem Schulhof (Beliebtheit) und vom Unternehmens-berater (Wichtigkeit).

Mitarbeiter wieder genauso viel Pulver in Händen halten wie zu Beginn, dann war die Verteilung richtig. Man nennt eine solche Verteilung stationär, weil sie bei einer Weitergabe nach den Schulhofregeln unverändert bestehen bleibt. Mathematiker denken schon lange über stationäre Verteilungen nach, und sie haben verschiedene Algorithmen entwickelt, um sie zu berechnen. {Diese Algorithmen sind heute schnell genug, um das Machtnetzwerk unseres ganzen Planeten auszuwerten – wenn es jemand auf ein Blatt zeichnet.}

Der Elternabend

Die Algorithmen sind technisches Detail. Die interessanteren Fragen sind nicht-mathematisch: Haben wir ein gutes Kriterium für die Machtverteilung? Was kann man mit dieser Bewertung anfangen? Finden wir damit den heimlichen Chef? Wenn wirklich Unternehmensberater in den Betrieb kommen und so eine Bewertung vornehmen, wäre das lustig? Ist dieses neue Kriterium auch für den Schulhof das richtige? Sollte der Beliebtheitspfeil von einem Klassenliebling nicht auch mehr wert sein als ein x-beliebiger Pfeil? Das wird den Eltern nicht passen: »Alle Kinder sind gleich wichtig.« {In meiner Schulzeit gab es immer Mitschüler, die gleicher wichtig waren als andere.} Als Mathematiker kann ich dazu gar nichts sagen. Egal, ob Büro oder Schulhof: Diese Kriterien sind nicht unfehlbar. Wenn der Chinesische Restsatz brückenpfeilertauglich ist, dann ist so ein Kriterium – insbesondere zur Beurteilung einzelner Schüler – ein ganzes Stück in Richtung Haarwuchsmittel: Man kann es schon verwenden, man sollte sich nur keine falschen Hoffnungen über die zu erwartenden Resultate machen.

Auf einen Elternabend gehören bei der Diskussion um den Wahrheitsgehalt dieser Kriterien mindestens drei Probleme auf den Tisch: Das erste Problem liegt in der Aussagekraft der Kanten des Netzwerks. Die Fragen, die wir in Pfeile übersetzt haben, lassen einen sehr breiten Interpretationsspielraum. Die Befürworter der Methode – wenn es am Elternabend solche geben sollte – werden entgegnen, dass die Auswertung des Netzwerks diese Ambivalenz berücksichtigt.

Das zweite Problem betrifft den Satz, mit dem alles anfing: »Die Struktur dieses Netzwerks ist charakteristisch für sehr komplexe menschliche Befindlichkeiten.« Wer die Bilder sieht, ist erst einmal geneigt, das zu glauben. Aber lassen sich daraus im Einzelfall verlässliche Einschätzungen ableiten?

Das größte Problem ist die anfangs gestellte doofe Frage: Wer ist der beliebteste Schüler? Das Netzwerk ist kein perfektes Bild der Pausenhofrealität. Aber es zeigt zumindest einen Teil der Vielfalt, in der Schüler beliebt oder außen vor sein können. Dagegen ist jede Methode, die eine Rangfolge der Schüler nach Beliebtheit aufstellt, notwendig eindimensional. Wer aus einem Netzwerk eine Reihenfolge macht, vernichtet Informationen.

Für eine doofe Frage gibt es kein intelligentes Kriterium. Dumm nur, dass wir ständig doofe Fragen stellen: Wo ist die beste Universität? Wer ist der beste Wissenschaftler? Wer ist der beste Arzt? Was sind die besten Bücher? Welche Webseiten sind am interessantesten? Wir müssen diese Fragen stellen. Man kann sich nur an *einer* Uni einschreiben. Die Universität kann jeweils nur *einen* Wissenschaftler auf eine Professur berufen. Man kann sich nur von *einem* Experten operieren lassen. Man kann nur *einen* –, oder höchstens *ein paar* Treffer der Suchmaschine anschauen.

Auf den Straßen der Freundschaft

Jacob Moreno wollte die Spannungen unter den Flüchtlingen mildern, indem er sie bei der Nutzung gemeinschaftlicher Einrichtungen in Gruppen einteilte, die sich intern gut verstehen. Die Sache war ein Erfolg. {Später fertigte er tatsächlich Soziogramme von Schulklassen an und wurde zum Vater einer soziologischen Schule, der Soziometrie.} Um unter mehreren Tausend Menschen Gruppen zu erkennen, die sich halbwegs gut verstehen, musste Moreno ein grobes Schema der Abneigungen und Zuneigungen ins Auge fassen. Für sein Ziel, die allgemeine Spannung unter den Flüchtlingen zu senken, war es unwesentlich, wenn einzelne Animositäten innerhalb einer Gruppe unentdeckt blieben. Für ein großes System ermöglicht die Abstraktion auf ein Netzwerk ein brauchbares Verständnis, wo es ansonsten gar keines gibt. {Für die Größe einer Grundschulklasse ist sie eine unnötige Simplifizierung, für die Bewertung eines einzelnen Schülers ist sie schlicht unangemessen.}

Größe nötigt zu imperfekten Kriterien. Das ist nichts grundsätzlich Neues. {Jedes Steuerrecht, selbst das deutsche, das sicher NP-schwer ist, benutzt imperfekte Kriterien für die Steuergerechtigkeit.} Man kann auf solche Kriterien nicht verzichten. Aber man kann mit ihrer Unzulänglichkeit bewusst umgehen und diese, wenn möglich, verringern. Die Suche nach Gruppen, besonders in sozialen Netzwerken, ist für uns mindestens so aktuell wie für Moreno, beispielsweise um die Ausbreitung von Seuchen gezielt zu bekämpfen – oder um ein Foto zu bearbeiten. Auf den ersten Blick ist das eine ganz andere Frage als die nach dem Klassenliebling. Sie lässt sich aber sehr ähnlich beantworten. Der enge Zusammenhang der beiden Fragen ist einer der Gründe, warum Suchmaschinen heute so sind, wie sie sind.

Um in einem Freundschaftsnetzwerk Gruppen zu finden, stellen wir es uns wie ein Straßennetz vor. Nehmen wir das

Netz der Straßen in Deutschland. Es besteht aus ein paar Millionen Kreuzungen und den Straßen, die sie verbinden. Mit dem bloßen Auge erkennt man in diesem Netz Gruppen von Kreuzungen, die miteinander stärker verwoben sind als mit anderen. Man nennt diese Gruppen Städte oder Dörfer. Wie kann man das, was der Mensch hier mit dem bloßen Auge sieht, auch algorithmisch erkennen? Wie kann man allein an der Netzwerkstruktur die Stadt rund um den Stachus und die Stadt rund um den Alex ausmachen?

Ein naheliegender Vorschlag: Eine Kreuzung gehört zu München, wenn man sie vom Stachus aus innerhalb einer halben Stunde erreichen kann {Ohne Stau, versteht sich, sonst ist München ja nur der Stachus.} Das sieht nach einem natürlichen Kriterium aus, aber es hat mindestens drei Probleme. Erstens: Warum gerade eine halbe Stunde? Beginnt man die Fahrt am Hugo, dem Stachus von Erlangen, ist man nach einer halben Stunde längst in Bamberg oder sogar in Fürth. Man müsste für jede Stadt vorher einen eigenen Radius wählen. Zweitens: Starten wir für Berlin am Alex oder am Ku'damm? Man müsste für jede Stadt einen Startpunkt festlegen, und das kann Ärger geben. Drittens: Es gibt Teile von München, die man erst deutlich später erreicht als die Autobahnzubringer ins Umland. Insgesamt wird das Kriterium nicht die Zusammenhänge replizieren, die man mit bloßem Auge sieht. Was man sieht, ist nicht der Umkreis eines zentralen Punktes, sondern eine dichtere Region im Gewirr der Straßen.

Verändern wir das Kriterium und lassen ein Testauto vollkommen planlos durch die Gegend fahren. An jeder Kreuzung entscheiden wir zufällig, in welche Richtung wir weiterfahren – einschließlich der Richtung, aus der wir gekommen sind. {Ein bisschen wie Romurlaub ohne Navi.} Was auf so einer Irrfahrt passiert, hängt vom Zufall ab. Starten wir am Hugo, besteht eine sehr, sehr kleine Wahrscheinlichkeit, ganz zufällig schnurstracks nach Fürth oder Bamberg zu fahren. In den meisten Fällen werden wir lange Zeit in Erlangen herumkurven, bevor wir zufällig mal herauskommen. Das gilt ebenso für die meisten anderen Kreuzungen in Erlangen. Sie bilden eine Gruppe. Eine Irrfahrt, die in der Gruppe startet, bleibt auch lange Zeit innerhalb dieser Gruppe. Der Grund dafür ist genau das, was wir mit dem bloßen Auge gesehen haben: Die Kreuzungen in einer Stadt sind miteinander stärker vernetzt als mit anderen. Deshalb findet unser herumirrendes Auto nur mit viel Glück aus so einer Gruppe heraus. Auf extrem lange Sicht kommt eine Irrfahrt überall vorbei. Aber um zwischen Bereichen zu wechseln, die nur mit wenigen Straßen verbunden sind, wird das Auto erst eine Weile innerhalb dieser Bereiche herumkurven.

Was hat das mit dem Beraterkriterium zu tun? Eine gut vernetzte Gruppe von Kreuzungen erkennen wir an der hohen Wahrscheinlichkeit, mit der unsere Irrfahrt in dieser Gruppe gefangen bleibt. {Aus dem Romurlaub kennt man ein anderes Phänomen: Es gibt Kreuzungen, auf die auch die wildeste Irrfahrt ständig zurückkommt. Man könnte meinen, diese Kreuzungen seien wichtig im Straßennetz.} Die Wichtigkeit einer Kreuzung bemisst sich nach der Wahrscheinlichkeit, mit der eine Irrfahrt sich auf dieser Kreuzung wiederfindet. Und wenn man jetzt ein bisschen schief draufschaut, ist das genau der gleiche Begriff von Wichtigkeit, wie wir ihn im Beraterkriterium für die Mitarbeiter benutzt haben.

Wie man so schief schauen kann? Die Weitergaberegeln für das Pulver entsprechen genau den drei Regeln, nach denen die Irrfahrt funktioniert: Erstens, je mehr Straßen auf eine Kreuzung führen, desto häufiger wird die Irrfahrt dort vorbeikommen. Zweitens, je mehr Straßen von einer Kreuzung abgehen, desto weniger Zufallsverkehr entfällt auf jede einzelne dieser Straßen. Und drittens, Straßen, die von einer viel besuchten Kreuzung abgehen, bringen mehr Zufallsverkehr als Straßen von entlegenen Ecken.

Der irre Autofahrer auf meinem Foto

Das Gruppenkriterium kann nur freilegen, was im Netzwerk an Informationen steckt. Es kann nicht erkennen, ob Erlangen umliegende Dörfer eingemeindet hat. Wie ist das im Ruhrgebiet? Kann man die Städte dort mit der Irrfahrt auseinanderhalten? Käme auf einen Versuch an. Könnte man in Berlin Stadtteile ausmachen? Könnte man über die Grenzen Erlangens hinaus die Metropolregion Nürnberg-Fürth-Erlangen erkennen? Mit dem bloßen Auge sieht man in Netzwerken manchmal mehrere Stufen von Gruppenbildung.

Das geht auch algorithmisch. Die meisten von uns haben das schon selbst erlebt, wenn sie am Rechner ein Foto bearbeitet haben. Programme zur Bildbearbeitung können Regionen in Bildern erkennen, etwa um ein Porträt vom Hintergrund freizustellen. Dazu macht man aus dem Bild erst mal ein Straßennetz. Alle Bilder bestehen für Rechner aus einzelnen Bildpunkten. {Rechner sind Pointillisten.} Diese Bildpunkte sind die Kreuzungen. Jeder Bildpunkt hat Straßen zu seinen direkt benachbarten Bildpunkten rechts, links, oben, unten und vielleicht noch schräg von ihm. Sind zwei benachbarte Bildpunkte ähnlich gefärbt, gibt es viele parallele Straßen zwischen ihnen. Bilden zwei benachbarte Bildpunkte einen starken Kontrast, gibt es nur wenige Straßen.

Im Netzwerk eines Ausweisfotos ist der Rand des Gesichts mit nur wenigen Straßen zum Hintergrund verbunden. {Wie eine Stadt mit ihrem Umland.} Klickt man im Bildbearbeitungsprogramm auf einen Bildpunkt in der Mitte des Gesichts, fährt ein kleines Auto wie irre durch dieses Netz und markiert so die Gruppe der gut vernetzten Bildpunkte um den Klick herum. Manchmal kommt dabei nur die Nasenspitze heraus. Dann kann man einem guten Programm sagen, dass es die Irrfahrt etwas länger laufen lassen soll, weil man eine größere Gruppe von Bildpunkten sucht – man kann sozusagen von Stadtteil auf Metropolregion wechseln, um das ganze Gesicht anstatt der Nasenspitze auszuwählen.

Die Kunst des Findens

Eines der größten bisher automatisch kartografierten Netze ist das World Wide Web, WWW, *das* Netz eben. {Neulich kam heraus, wie viele Leute auf Facebook glaubten, sie seien nicht im Internet. Deswegen hier zur Sicherheit eine kurze Erklärung.} Das Internet, das sind Computer, richtige Kästen, die überall auf der Welt herumstehen und (meistens) durch Kabel miteinander verbunden sind. Es ist ein physisches Netz. Es überspannt den ganzen Planeten. {Wären die Kabel nicht im Boden vergraben, man würde darüber stolpern.} Dieses Netz ist die

Infrastruktur, mit der wir E-Mails schicken, Webseiten anschauen oder uns mit Facebook verbinden. Wenn wir sagen »Das steht im Internet«, meinen wir *nicht* dieses physische Netz. Wir reden von den Webseiten und den Links zwischen den Webseiten. Die Webseiten mit ihren Links bilden kein physisches Netzwerk, sondern ein virtuelles. Man nennt es das World Wide Web, WWW oder einfach »das Netz«. Das Netz ist sehr, sehr viel größer als das Internet. Damit wir uns in diesem Netz bewegen können, sprich zum Surfen, braucht es auch das physische Internet, denn die Webseiten, die wir besuchen, sind auf anderen Computern irgendwo auf diesem Planeten gespeichert und nur durch das Internet für uns erreichbar. {Es ist wichtig zu wissen, dass es zwei verschiedene Netze sind, das große physische Internet und das unglaublich viel größere virtuelle Netz.}

Wie findet man im Netz, was man sucht? Jede Webseite hat eine eindeutige Adresse, so wie jeder Telefonanschluss eine Telefonnummer hat. Um in einer Unmenge von Webseiten zu suchen, nützen diese Adressen nichts. Dafür gibt es Suchmaschinen. Bis 1998 funktionierten Suchmaschinen in etwa wie die »Gelben Seiten«. Man orientierte sich anhand von Schlagwörtern. Eine Suchmaschine erforschte das Netz, dazu surfte ein Programm unentwegt durchs Netz und sammelte von jeder neu entdeckten Webseite alle Daten, die man gerne haben wollte. In der Hauptsache die Schlagwörter. Dann kam Google.

Das Netz war wesentlich kleiner als heute. Aber es wuchs, und langsam wurde klar, dass die Sache mit den Schlagwörtern nicht mehr ausreichen würde. {Bei 10 000 verschiedenen Schlagwörtern gibt es 100 Millionen verschiedene Suchen mit zwei Schlagwörtern. Der Index großer Suchmaschinen enthielt 1998 etwa 100 Millionen Webseiten. Fünf Jahre später waren es bereits mehrere Milliarden.} Auf die Schlagwörter einer alltäglichen Suchanfrage passen heute leicht 100 000 Webseiten. Kein Mensch wühlt sich durch all diese Treffer. Gesehen wird sowieso nur, wer unter den ersten Treffern zu finden ist. Deshalb hat man eine Rangliste für Wichtigkeit oder Beliebtheit der Webseiten eingeführt.

Wie kann man für Milliarden von Webseiten beurteilen, wie wichtig sie sind? Wodurch unterscheidet sich die Webseite der *New York Times* vom Blog einer Schülerzeitung? Und wann sollte so ein Blog in der Trefferliste vor der *New York Times* erscheinen? Am besten ist es, wenn für jedes Spezialthema mehrere Experten die Webseiten begutachten und zu einer gemeinsamen Einschätzung finden. {Das ist grob das Prinzip, nach dem Artikel auf Wikipedia entstehen sollen: von Experten zusammengestellte und diskutierte Information. Die englischsprachige Wikipedia enthält rund fünf Millionen Artikel. Für eine Websuche in Milliarden Seiten braucht man ein anderes Verfahren.}

Im Netz der Algorithmen haben wir mit zwei Kriterien für Beliebtheit oder Wichtigkeit gespielt, die nur die Struktur des Netzes auswerteten. Ein derartiges Kriterium für die Reihenfolge von Suchergebnissen zu nutzen wäre revolutionär. Man ignoriert den Inhalt der Webseiten und fragt nur, wie die Seiten untereinander verlinkt sind. Probieren wir es mit dem ersten Kriterium vom Schulhof aus. Jede Webseite bekommt ein Päckchen Brausepulver und verteilt es gleichmäßig auf alle Seiten, auf die sie verlinkt. Mit anderen Worten: Eine Webseite erhält Pulver von jeder Seite, die auf sie verweist, mal mehr, mal weniger, je nachdem, wie viele andere Links dort noch abgehen. Das ist keine schlechte Idee. {Auf die *New York Times* werden mehr Seiten verlinken als auf den Schülerblog. Und falls Leute massenhaft auf einen Schülerblog verweisen, dann sollte dieser Blog auch vor der *New York Times* erscheinen.}

Ein Problem ist die Eitelkeit von Webseiten. Mit dem ersten Pausenhofkriterium könnte sich jeder zum Klassenliebling stilisieren. Wer es schafft, eine Webseite ins Netz zu stellen, kann auch noch Abermillionen weitere Seiten anfertigen, die nichts anderes tun, als seine Hauptwebseite zum Klassenliebling zu wählen. {Claqueure, also Spammer, sind im Internet spottbillig.} Beim Unternehmensberater funktioniert das nicht so einfach. Einem Claqueur darf der Unternehmensberater keinen einzigen Krümel Brausepulver zuteilen. Der Berater muss eine stationäre Verteilung finden – nachdem alle ihr Pulver einmal weitergegeben haben, muss die Verteilung unverändert sein. Eine Seite ohne eingehenden Link bekommt beim Weitergeben kein Pulver, darf also auch vorher keines gehabt haben.

So schnell geben die Claqueure aber nicht auf. Sie könnten sich untereinander ein paar Links spendieren. {Netter Versuch.} Ändert aber nichts daran, dass die Gruppe der Claqueure zusammen keine eingehenden Links hat. Unterm Strich kann eine stationäre Verteilung auch einer untereinander vernetzten Gruppe von Claqueuren so lange kein Pulver geben, wie kein Link von außen kommt. {Spammer sind damit nicht aus der Welt. Aber sie haben es deutlich schwerer.} Das Beraterkriterium verträgt sich besser mit der Intuition einer wichtigen Webseite. Wenn eine wichtige Seite, beispielsweise die *New York Times*, einmal meinen Blog zitiert, sollte ihm

Der Random-Surfer: Wo er sich herumtreibt, da ist »wichtig«. So funktioniert Googles PageRank.

das mehr Glaubwürdigkeit verleihen, als von einem anderen unbeachteten Blog zitiert zu werden.

Das zweite intuitive Argument für das Beraterkriterium haben wir auf der Straße der Freundschaft kennengelernt. Das Beraterkriterium berechnet für jede Seite im Netz die Häufigkeit, mit der eine sehr lange Irrfahrt diese Seite besucht. Eine Irrfahrt im Netz ist wie ein Kollege, der ständig im Netz hängt und vollkommen wahllos den Links folgt. Der sogenannte Random-Surfer. Er hat sicher beim Mittagessen zu jedem Thema den besten Überblick, was man gerade im

Netz dazu sagt. Wo er sich häufig herumtreibt, da ist »wichtig«. Das Beraterkriterium scheint ein guter Kandidat, um Webseiten nur aufgrund der Netzstruktur zu bewerten. Warum machen wir es dann nicht? Weil Google es schon macht. Seit 1998 und bis heute mit gewissem Erfolg.

Google versteht die Links einer Webseite als Empfehlungsschreiben. Wer viele Empfehlungsschreiben erhält, scheint gut beleumundet, seine Empfehlungen sind mehr wert. Wer viele Empfehlungen vergibt, dessen Empfehlungen sind weniger wert. Google bewertet Webseiten genauso, wie wir die Macht eines Mitarbeiters bewertet haben. Das ist der sogenannte PageRank, der Kern von Google. Die meisten modernen Suchmaschinen beruhen ebenfalls auf dem PageRank. Technisch ist Googles Suchmaschine durchaus nicht konkurrenzlos.

Der Anti-PageRank

Warum ist der PageRank gut? Weil er funktioniert. Die Intuition der Empfehlungsschreiben oder die Häufigkeit, mit der ein Random Surfer auf einer Webseite landet, sind sehr gute Gründe, den PageRank auszuprobieren. Aber entscheidend dafür, dass nicht nur Google, sondern alle führenden Suchmaschinen heute dem PageRank ähnliche netzwerkbasierte Kriterien verwenden, ist deren Erfolg in der Praxis. Jede Neuerung wird sich daran messen lassen müssen.

Könnten Suchmaschinen ganz anders funktionieren? Selbstverständlich. 1998 wurden zwei Vorschläge gemacht, um aus dem Netzwerk der Links die Wichtigkeit einer Webseite abzuleiten. Der eine – von Larry Page und Sergey Brin –

war die erste Variante der Suchmaschine Google. Der andere Vorschlag erschien in einer wissenschaftlichen Arbeit von Jon Kleinberg auf einer der renommiertesten algorithmischen Konferenzen. Kleinberg nannte sein Verfahren *hubs and authorities*, kurz HITS. Dass wir heute »googlen« und nicht »hitten« sagen, hat viel mit den Lebensentscheidungen dieser drei Menschen zu tun. Kleinberg hat aus seinem Ansatz kein Unternehmen gemacht. {Anders als Page und Brin ist er heute kein Milliardär, aber einer der angesehensten Informatiker und Professor an der Cornell University. Wahrscheinlich der bessere Lebensplan.}

Kleinberg wollte wie Page und Brin die Wichtigkeit einer Webseite nur aus der Struktur der Links ableiten. Beide Verfahren erwarten, dass in dieser Struktur die inhaltliche Beurteilung, die andere geleistet haben, wiederzuerkennen ist. HITS verwendet einen zusätzlichen Trick, um diese Beurteilung besser hervortreten zu lassen. Die Idee ist folgende: Wer kann am besten die Bedeutung eines Schriftstellers beurteilen? Ein anderer Schriftsteller? Schriftsteller haben ein qualifiziertes und manchmal sogar ein faires Urteil über Kollegen. Aber es ist nicht ihre Hauptaufgabe, Kollegen zu beurteilen. Es gibt Menschen, die ihr ganzes Leben an diese Aufgabe geben: Kritiker, Verleger und Literaturwissenschaftler. Man nutzt also ein im Schnitt durchdachteres Urteil, wenn man nicht die Schriftsteller selbst, sondern ihre Kritiker fragt. So eine Zweiteilung findet sich in vielen Bereichen. Es gibt Designer und Modemagazine, Journalisten und Redaktionen, Wissenschaftler und Universitäten, Mitarbeiter und Arbeitgeber, Konsumgüterhersteller und Verbraucherzeitschriften. Auf der einen Seite stehen die *authorities*, also beurteilte

Quellen von Inhalten, wie Schriftsteller, auf der anderen Seite stehen *hubs,* also beurteilende Sammelstellen von Inhalten, wie Kritiker.

In HITS' Denkweise muss man kein guter Schriftsteller sein, um andere Schriftsteller zu beurteilen, aber ein anerkannter Kritiker. Deshalb bekommt jede Webseite zwei Bewertungen, eine als *authority* und eine als *hub.* Der *authority*-Rang einer Webseite richtet sich nach den *hub*-Rängen der Webseiten, die auf sie verlinken. Der *hub*-Rang einer Webseite nach den *authority*-Rängen der Seiten, die auf sie verlinken. Ist HITS dann nicht besser als PageRank? Warum hat HITS keinen Erfolg? HITS wurde erst sehr viel später in eine Suchmaschine umgesetzt. Zu dieser Zeit war Google bereits ausgefeilt und marktmächtig. {Man darf annehmen, dass bei Google selbst HITS getestet und nicht für besser befunden wurde.}

Es gibt einen technischen Nachteil. Der PageRank liegt für alle Webseiten vorgekocht im Archiv. Kommt eine Suchanfrage, werden die relevanten Seiten ausgesucht und nach PageRank sortiert ausgegeben. Die beiden HITS-Ränge werden abhängig von den Suchbegriffen erst zum Zeitpunkt der Anfrage berechnet. Das ist zu viel Rechenaufwand zum Zeitpunkt der Anfrage. Dahinter steckt aber auch ein konzeptionelles Problem. Die zusätzliche Struktur, die HITS annimmt, also die Einteilung in *hubs* und *authorities,* ist nicht für alle Anfragen die gleiche. Vielleicht ist sie in vielen Fällen überhaupt nicht gegeben. {Manchmal führt weniger Struktur zu mehr Einsicht.}

Vollausstattung

Jede moderne Suchmaschine ist wie ein hoch entwickeltes Auto, voller Features und Verbesserungen. Der PageRank ist das Grundprinzip, um Seiten nach Relevanz zu sortieren. Aber die Antwort einer Suchmaschine richtet sich nicht nur nach dieser Rangliste. Sinnvollerweise wird auch die Sucheingabe des Nutzers berücksichtigt. {Sonst ist die Antwort nach dem Motto: Interessant, was du fragst, aber wirklich wichtige Webseiten sind die hier.} Im einfachsten Ansatz wird der Page-Rank verwendet, um alle Webseiten zu sortieren, die auf die Suchworte passen. Ein erheblicher Teil moderner Suchmaschinen sorgt sich darum, besser zu verstehen, was zu einer Anfrage passt und was der Nutzer gemeint hat. {Gibt man »103,87 Euro Pfund« ein, erkennt eine gute Suchmaschine, dass man nach Tageskurs Euros in Britische Pfund umrechnen möchte und nicht nach Filets vom Kobe-Rind sucht.} Ein wichtiger Aspekt, um eine Suchanfrage zu verstehen, ist zu wissen, wer sie gestellt hat. Weiß die Suchmaschine, in welchen Gegenden des Netzes ein Nutzer zu Hause ist, kann sie wie beim Gruppenfinden per Irrfahrt vornehmlich Ergebnisse aus diesen Gegenden anzeigen.

Eine ständige Baustelle für Suchmaschinen liegt darin, zu verhindern, dass die Netzstruktur durch Spam, gekaufte Links oder Ähnliches manipuliert wird, um das Ergebnis des PageRanks zu verfälschen. Das Grundprinzip des PageRanks selbst ist nicht immun dagegen. Viele Webseiten, die eigene Inhalte haben und an sich kein Spam sind, verlinken Webseiten, die für diesen Link bezahlt haben. {Werbung.} Das unterminiert die Idee des Empfehlungsschreibens und damit den

PageRank. Eine Suchmaschine muss versuchen, solche Links zu erkennen und ihren Einfluss bei der Berechnung des Page-Ranks absenken. Eine andere Variante, seine Webseite hochzugoogeln, geht so: Mit ein paar eingehenden Links wird die Irrfahrt eingefangen und dann in einem dichten Gestrüpp von untereinander verlinkten Webseiten festgehalten. Solche Kescher werden weitgehend automatisch erstellt. Deswegen haben sie eine andere Vernetzungsstruktur als natürlich gewachsene Teile des Netzes, und man kann sie auch wieder automatisch erkennen.

Der schmale Grat

Man kann dem PageRank die gleichen drei Argumente entgegenhalten, die auch beim Elternabend aufgetaucht sind.

Erstens: Die Links einer Webseite sind keine Empfehlungsschreiben. Die Gründe, einen Link zu setzen, sind ebenso heterogen wie bei den Freundschaftspfeilen. Aber es geht niemals darum, Google zu zeigen, welche andere Webseite wichtig ist. {Im Gegenteil, Webseiten, die nur existieren, um mit ihren Links andere Webseiten hochzugoogeln, sind Claqueure, Spammer, auf die keine Suchmaschine hören soll.}

Zweitens: Die Fragen, die wir Google stellen, sind bestenfalls unpräzise. {Was will man eigentlich wissen, wenn man »Stiller Planet« eingibt?}

Drittens: Die Netzstruktur enthält nicht die Information, die wir der Suche abfordern. Stellen wir uns eine Seite vor, die eine nach vernünftigen Maßstäben deutlich falsche Aussage verbreitet. Es kann sein, dass diese Webseite von mehr

Seiten »empfohlen« wird als eine korrekte Gegendarstellung. {Verschwörungstheorien, Verleugnung unbequemer Wahrheiten oder sexuelle Unterstellungen haben immer mehr Freunde als Beweise.}

Der PageRank ist kein Garant für die Wahrheit der Inhalte der zuerst genannten Webseiten. Es ist lediglich ein Kriterium zur Sortierung von Webseiten, geboren aus der Not eines immer größeren Netzes. Unser Nutzerverhalten trägt jedoch bisweilen Züge von Autoritätssehnsucht. {Eine besonders dumme Idee ist die hier: Das Kind hat zwei rote Punkte im Gesicht und erhöhte Temperatur. Googeln wir dann, um Webseiten sortieren zu lassen oder um die Wahrheit zu erfahren? Wer jetzt googelt, findet sich gleich in der Notaufnahme.} Google versucht heute, unserer Erwartung bei offensichtlichen Faktenfragen ein Stück weit zu entsprechen, indem die Inhalte von Webseiten, die verlässlich Fakten wiedergeben, oben auf der Suchseite angezeigt werden. Für manche ist das ein Verrat an einem Grundprinzip des Internets. Der PageRank hat sich mit der Zeit zu einem sich-selbst-rechtfertigenden Kriterium entwickelt. Er wird als ein Prinzip der Fairness und des Pluralismus verstanden, fast wie eine Abstimmung.

In der stärksten Lesart wird daraus eine Art digital-existierende Kohärenztheorie. Demnach ist es keine Schwäche der Suchmaschinen, wenn sie die Inhalte ignorieren und sich ausschließlich an der Struktur des Glaubwürdigkeitsnetzes orientieren. Es ist die konsequente Fortsetzung eines Kriteriums, mit dem wir ohnehin unseren Planeten ordnen.

Aber warum sollten wir uns auf ein einzelnes Kriterium einschränken? Der unmittelbare Vorgänger des Netzes der Webseiten für Kriterien wie den PageRank ist das Zitationsnetzwerk. Für die Qualität wissenschaftlicher Arbeiten gibt es bessere Kriterien als solche, die nur auf dem Netz der Zitate aufbauen. {Es soll Menschen geben, die wissenschaftliche Arbeiten nach deren Inhalt beurteilen.}

Die Ergebnisse einer Suchmaschine sind heute so einflussreich, dass jedes Kriterium, mit dem sie arbeitet, eine Gratwanderung zwischen Anspruch und technischer Möglichkeit leisten muss. Wenn wir Nutzer ein bisschen von diesen Kriterien verstehen und unsere Ansprüche danach ausrichten, bringt das mindestens so viel wie neue Techniken der Websuche.

Das dritte Wunder: Die Schule der Buchhändler

Der PageRank zählt zu den einflussreichsten Kriterien unserer Zeit. In einer anderen, vielleicht sogar wichtigeren Symbiose von Kriterium und Algorithmen kann man das Kriterium nicht genau benennen, denn es entsteht zu einem gewissen Teil erst durch einen Algorithmus. Für diese Symbiose machen wir ein Spiel. Ich fange an und verrate dir für einige Bücher auf einer Skala von 1 bis 5, ob und wie gut sie mir gefallen haben. Danach musst du erraten, wie gut mir andere Bücher gefallen, auch auf einer Skala von 1 bis 5. Jetzt aber nicht einfach mit mir reden, nach den Kindern und dem letzten Urlaub fragen und am Ende die ganzen Bücher sogar lesen. {Das ist geschummelt.} Alles, was du kennst, sind die Buchbewertungen Millionen anderer Menschen. Jeder von denen hat ein paar Bücher bewertet, manche, die ich gelesen habe, manche, für die du raten sollst, und noch viele, viele andere.

Wer jetzt eine richtig gute Idee für dieses Spiel hat, kann eine Million Dollar Preisgeld einstreichen. {Genauso viel wie für die viel fundamentalere Frage, ob P gleich NP ist.} Netflix, eine Firma, die online Filme vermietet, hat diesen Preis ausgelobt. {Eigennützig, wie diese Firmen sind, natürlich nicht für Bücher, sondern für Filme.} Die Leute von Netflix stellen rund 100 Millionen Bewertungen zu knapp 20 000 Filmen von einer halben Million ihrer Kunden zur Verfügung. Für ein paar Kunden haben sie einige Bewertungen zurückgehalten, so ein paar Millionen insgesamt. Aufgabe ist es, die verheimlichten Bewertungen möglichst gut zu erraten. Das ist die Netflix Challenge.

Die einfachste Idee, um meine Bewertung für einen Film oder ein Buch zu erraten, ist der Durchschnitt: Du berechnest für das Buch den Durchschnitt all seiner Bewertungen. Du machst mich zum Durchschnittsleser. Das kann total danebengehen. Angenommen, die Hälfte der Leser bewerten das Buch mit 1, die andere Hälfte bewertet es mit 5. Der Durchschnitt, 3, liegt dann für jeden Leser um 2 falsch – was ziemlich viel ist bei einer Skala von 1 bis 5. {Tatsächlich schätzt man mit dem Durchschnitt ganz gut – zumindest bei Filmen und von Ausnahmen abgesehen.} Die genauen Bedingungen für die Million sind so: Das Verfahren, das Netflix bisher benutzt, errät die fehlenden Bewertungen um 10 Prozent besser – was auch immer das genau heißt – als die simple Idee mit dem Durchschnitt. Wer jetzt noch einmal 10 Prozent besser rät, bekommt die Million.

Jetzt geht es los mit den Kriterien: Sollte man Leser suchen, die so ähnlich bewerten wie ich? {Das ist dieses berühmte: »Kunden, die diesen Artikel angesehen haben, haben auch angesehen ...«} Oder sollte man vielleicht Fans von Büchern, die ich für Schrott halte, als verlässliche Gegenindikatoren nutzen? Oder sollte man von den Büchern her denken? Nicht vom Inhalt her, das ist ja verboten. Aber man könnte die Bücher anhand der Bewertungen in Gruppen einteilen. Erst vor diesem Hintergrund sieht man dann die Unterschiede: Es könnte sein, dass ich mir bei Kochbüchern mit Lesern einig bin, die ansonsten historische Romane schmökern. Der Ideenvielfalt ist hier freier Lauf gelassen.

Schade ist: 2009 hat ein Gruppe von Forschern die Challenge schon gewonnen. Netflix wollte daraufhin gleich noch eine Million springen lassen, falls jemand noch besser werden kann. {Das wäre jetzt unsere Chance.} Aber leider haben andere Forscher in der Zwischenzeit gezeigt, wie man anhand der für den Wettbewerb veröffentlichten Bewertungen Kunden von Netflix identifizieren kann. {Nein, so etwas funktioniert natürlich nicht! Woran sollte man sie erkennen?} Indem man ihre Netflix-Bewertungen mit denen auf IMDB, einer Online-Filmenzyklopädie, vergleicht. Dort haben diese Kunden einen Namen. Netflix hatte vorsorglich die Bewertungen seiner Kunden ein bisschen verfremdet. Aber klar: Wenn man richtig gut erraten kann, wie jemand einen Film bewertet, kann man erst recht sein Bewertungsmuster wiedererkennen – auch wenn es ein wenig verfremdet wurde. {Netflix hat einen Haufen Klagen am Hals und spart die zweite Million für Anwaltsspesen.}

Wie haben die Gewinner die Bewertungen so gut erraten? Es war Wettbewerbsbedingung, dass sie ihre Methoden publizieren. Deshalb kann es jeder nachlesen: Die Gewinner berücksichtigen zum Beispiel, dass ein und derselbe Nutzer an manchen Tagen entschlossener oder freundlicher bewertet als an anderen. Ideen wie diese gab es viele. Warum gerade diese Idee in der Siegerlösung war? Man hat die Idee ausprobiert, und sie hat enorm geholfen. Das war der eigentliche Grund für Netflix, diesen Wettbewerb zu starten: Es gab sehr viele Ideen, aber Netflix hatte nicht die Kapazitäten, sie alle auszuprobieren. Bei den Techniken, um die es hier geht, muss man letztlich ausprobieren, was funktioniert.

Die richtige Verwendung von Papierservietten

Wir spielen die Sache im Kleinen durch. Es beginnt mit einer Serviette und zwei Freunden von dir. Auf der Serviette notieren wir die Bewertungen deiner beiden Freunde für Filme, die ihr alle drei kennt. {Je Film nur ein Kreuz.} Je besser Ralf einen Film findet, desto weiter rechts machst du das Kreuz. Je besser Olaf diesen Film findet, desto weiter oben kommt das Kreuz hin. Kurz: Filme, die beide mies finden, haben das Kreuz links unten, Filme, die nur Olaf mag, links oben, Filme, die beide ganz o. k. finden, in der Mitte der Serviette. Was du noch nicht weißt: Dein Filmgeschmack sind vier gerade Linien auf dieser Serviette.

Alle Filme, die du mit Bestnote bewertest, werden mit einem Kreis um ihr Kreuz markiert. Wenn du jetzt auf die Serviette schaust, kann man die umkringelten Filme von den nicht umkringelten durch eine gerade Linie trennen. Stimmt nicht? Doch, ganz bestimmt. Also gut, im Allgemeinen gibt es keine gerade Linie, die umkringelte und nicht-umkringelte Kreuze sauber voneinander trennt. Zu dem Problem kommen wir gleich. Nehmen wir für den Moment an, es gibt so eine Linie. Wir zeichnen die Linie ein und wiederholen es für die zweitbesten Filme, die drittbesten und viertbesten. Dann sehen wir deinen Filmgeschmack in vier schnurgeraden Linien. Kommt ein neuer Film, den Ralf und Olaf im Gegensatz zu dir schon gesehen haben, müssen die beiden nur das neue Kreuz in das Serviettenorakel eintragen, und die vier Linien verraten, wie gut der Film dir gefallen wird.

So weit, so simpel. So simpel ist das mit dem Geschmack aber nicht. Schauen wir uns noch einmal die Serviette zu dem Zeitpunkt an, als du nur deine allerliebsten Filme umkringelt hattest. Was wäre, wenn die Kringel vollkommen zufällig und gleichmäßig über die ganze Serviette verteilt sind, so wie die größeren Bläschen in der Weißbierkrone? Dann kann man aus den Beurteilungen von Ralf und Olaf nichts über deinen Geschmack vernünftig vermuten. Wo ich herkomme, schenkt man das Hefeweizen ohne Schaumkrone ein. Die paar Bläschen, die es noch gibt, sammeln sich am Rand des Glases. Hin und wieder verirrt sich eines in die Mitte, aber das sind wenige. {Anderswo heißt das abgestanden.} Auf so ein abgestandenes Ergebnis hofft unser Verfahren. Selten findet sich eine Gerade, die *genau* die umkringelten Kreuze abtrennt. Ein paar Bläschen schwimmen immer in die Mitte. Aber man findet häufig eine Gerade, so dass auf ihrer einen Seite nur wenige umkringelte und auf ihrer anderen Seite nur wenige nicht-umkringelte Filme liegen. Eine Gerade zu finden, die diesem Ziel am nächsten kommt, ist die Aufgabe des Algorithmus. {Der Algorithmus selbst interessiert uns – wie jedes Mal in diesem Kapitel – überhaupt nicht.}

Das ist ein Grundprinzip des sogenannten Machine Learnings. Anstatt ein Kriterium vorzugeben, gibt man nur die

Form des Kriteriums vor, zum Beispiel Geraden auf einer Serviette. Wie diese Form genau ausgefüllt wird, überlässt man dem Training an Beispieldaten. Über die vorgegebenen Formen sollte man zwei Dinge wissen. Erstens sind sie alles andere irrelevant. {Die Gewinner der Netflix Challenge haben zum Beispiel die Tageslaune der Nutzer in der Kriterienform angelegt.} Machine Learning ist eine Mischung aus an den Daten gelernten und vom Menschen ausgewählten Kriterien. Zweitens, die Form der Kriterien darf nicht allzu kompliziert sein. Die Sache mit den Geraden auf der Serviette ist nicht weit von realen Verfahren entfernt.

Selbstzweifel

Angenommen, das Serviettenorakel oder Netflix empfiehlt mir einen Film, und ich finde ihn schrecklich. Habe ich dann etwas falsch gemacht? Muss ich vielleicht ein wenig in mich gehen und verstehen, dass ich den Film doch ganz gut finde? Wenn ein Sortieralgorithmus fertig ist, sind die Bücher sortiert. Da gibt es nichts zu deuten. Für Machine-Learning-Algorithmen gilt das freilich nicht. Sie verwenden ein statistisches Kriterium. {Die Schaumbläschen in der Glasmitte sind deshalb nicht ihr Ding.} In meinem Filmgeschmack gibt es aber diese Bläschen. Der Algorithmus kann immer nur so gut sein, wie das statistische Kriterium zur jeweiligen Anwendung passt.

Machine-Learning-Algorithmen sind extrem nützlich und leistungsfähig. Sie wirken in unzähligen Anwendungen aus Wirtschaft, Technik und Wissenschaft, sie halten unseren

E-Mail-Eingang weitgehend frei von Spam, und ganz schlecht sind ihre Filmempfehlungen auch nicht. Wer ein Programm zur Fotoverwaltung benutzt, kann einen Machine-Learning-Algorithmus bitten, die Gesichter auf den Fotos zu erkennen. Das kann sehr lustig werden. Wenn Polizisten mit derartiger Software Verdächtige ausmachen, ist der Spaß vorbei. Durch die Symbiose mit statistischen Kriterien haben sich diese Algorithmen die Diskussion um die Verlässlichkeit und Anwendbarkeit statistischer Methoden eingehandelt. Diese Diskussion ist vielschichtig, alt und immer wieder aktuell. Um sie zu führen, muss man nicht nur etwas von Statistik verstehen, sondern sehr viel über die jeweilige Anwendungen wissen. Neu durch die Symbiose mit den Algorithmen ist die Gefahr, dass der mit Algorithmen verbundene Wunderglaube diese Diskussion übertönt.

Das vierte Wunder: Wissen aus dem Rauschen

Auf der nächsten Station beobachten wir in einer Fußgängerzone eines der vielen Kriterien, um Wissen aus dem Rauschen zu filtern. Wenn die Symbiose mit Kriterien und anderen Fachgebieten verantwortungsvoll betrieben wird, ergeben sich faszinierende Möglichkeiten für das algorithmische Denken. Gerade im Umgang mit Bildern ist das spannend. Algorithmen sind uns Menschen noch weit unterlegen, wenn es zum Beispiel darum geht, Gegenstände auf einem Bild zu erkennen. {Das ist ein bisschen frustrierend.} Manchmal können Algorithmen und Kriterien zusammen aber auch Dinge mit Bildern anstellen, die für uns Menschen wie Wunder erscheinen.

Das Kind und der Vater bewegen sich in unterschiedlichen Koordinatensystemen.

Einer dieser Tricks geht so: Auf einem Foto sieht man ein Haus mit Garten. Aber das ganze Foto ist in regelmäßigen Abständen mit dicken schwarzen Kreisen übersät. Dann füttert man das Foto in einen geheimnisvollen Algorithmus, und auf der anderen Seite kommt es ohne die schwarzen Kreise wieder heraus. Die Kreise waren so groß wie halbe Fenster. Woher weiß der Algorithmus, wie er das Geäst der Bäume oder die Fensterrahmen fortsetzen muss? Versteht der Algorithmus etwas von Architektur und Botanik? Kennt er alle Häuser dieser Welt? Kann er vielleicht doch Wissen erschaffen?

Die Fensterrahmen und Zweige waren immer schon auf dem Foto. Sie waren nur in den schwarzen Punkten so schwach, dass wir sie nicht erkennen können. Die Punkte sind wie eine dünne Wolke auf einer Satellitenaufnahme oder ein überlagerndes Organ auf einem medizinischen Diagnosebild. Die Schwierigkeit für den Algorithmus ist nicht, auch die schwächsten Kontraste in einer Bilddatei zu lesen, sondern zu trennen, was ein schwarzer Punkt und was ein durchschimmerndes Fenster ist.

Das funktioniert wie Vater und Kind beim Einkaufen in einer hübsch gepflasterten Fußgängerzone. Wäre der Vater allein, könnte man seine Bewegungen durch die Fußgängerzone ziemlich kompakt beschreiben: Er geht von der Apotheke zum Schuhladen, vom Schuhladen zum Bäcker und so weiter. Das reicht völlig aus, um ziemlich genau nachzuvollziehen, wo der Vater entlangläuft – wenn er ohne Kind unterwegs ist. Für den Vater erschließt sich die Fußgängerzone nach dem Koordinatensystem der Geschäfte, die er besuchen will. In diesen Koordinaten lässt sich seine Bewegung kompakt beschreiben. Das Kind sieht etwas anderes: Es sieht die Muster des Straßenpflasters. Da gibt es Steine, auf die genau ein Fuß passt, wenn man ihn leicht schräg zur Laufrichtung stellt. Daneben gibt es Steine, die Grenzen ziehen. Da muss man offensichtlich drüberspringen. In diesem Koordinatensystem des Kindes lassen sich seine Bewegungen kompakt beschreiben. Wenn sich Vater und Kind an der Hand halten, kommt es zu einer zerrenden, wankenden und gänzlich unverständlichen Gesamtbewegung.

Man kann die Gesamtbewegung weiterhin in den Koordinaten des Vaters beschreiben, aber es wird jetzt furchtbar kompliziert: Es geht ein paar Sekunden Richtung Schuhladen, dann sprunghaft zurück zur Apotheke, dann wieder ein Stückchen zum Bäcker. Man muss sehr, sehr viele kleine Schritte beschreiben, weil die Bewegung in diesem Koordinatensystem eigentlich keinen Sinn ergibt. Auch in den Koordinaten des Kindes ist die Gesamtbewegung nur mit vielen Bewegungen beschreibbar. Aber die Gesamtbewegung ist an sich nichts Kompliziertes: Das Kind beachtet einige wenige Regeln beim Laufen über Pflastersteine, und der Vater besucht einige wenige Geschäfte. Benutzt man also beide Koordinatensysteme gleichzeitig, kann man die Gesamtbewegung als Summe zweier einfacher Bewegungen darstellen. Mit diesem Trick kann man die Gesamtbewegung wieder in die Bewegungen vom Vater und vom Kind zerlegen. Das funktioniert auch für das Bild, wenn man über ein passendes Koordinatensystem für das Motiv und über eines für die störenden Punkte verfügt.

Die Aufgabe des Algorithmus in dieser Symbiose besteht nur darin, eine möglichst einfache Darstellung der Bilddaten unter Verwendung zweier Koordinatensysteme zu finden. Es ist eigentlich ein Verfahren, um Daten kompakt abzuspeichern, zur Datenkompression. Deshalb nennt man es Compressed Sensing. Damit das Verfahren das wunderbare Ergebnis liefert, müssen die Koordinatensysteme gut zu den Teilen passen, wie die Geschäfte zum Vater und die Muster im Pflaster zum Kind. Was bei einem Typ Daten gut funktioniert, kann beim anderen wertlos sein. Deshalb gibt es viele unterschiedliche Verfahren, um Daten zu trennen oder Rauschen zu entfernen. {Jedes Rauschen hat seinen eigenen Klang.}

Das fünfte Wunder: Zaubervorstellung

In den meisten Symbiosen ist das Kriterium weitaus interessanter als der Algorithmus, mit dem es verbunden ist. Deswegen sind Aussagen der Form »Es gibt einen Algorithmus für …« so wenig informativ. Es liegt nicht daran, dass wir den Algorithmus nicht verstehen, sondern daran, dass die Diskussion über Verlässlichkeit und Anwendbarkeit vom Kriterium abhängt. Die Erwähnung des Algorithmus ist wie das Wirbeln eines Zauberers mit seinem Stab. Es lenkt ab. Durch die Ablenkung entsteht oft erst der Eindruck eines Wunders.

Die Sache mit der Chipstüte ist auch so ein Beispiel: Algorithmen können Gespräche per Chipstüte belauschen. Klingt wirklich wie ein Wunder, bis man sieht, was neben dem Zauberstab noch alles passiert. Wie geht das mit der Chipstüte? Wenn Menschen sprechen, versetzen sie die Luft in Schwingungen. Chipstüten, Zimmerpflanzen und ähnlich labile Dinge schwingen dabei ein bisschen mit. Mit dem bloßen Auge kann man das nicht sehen. {Da hilft auch kein Algorithmus.} Eine sehr gut auflösende Hochgeschwindigkeitskamera kann etwas davon erkennen. So eine Kamera hat die Statur einer dänischen Dogge. Um sich die Situation besser vorstellen zu können: Hier liegt die Chipstüte, zwei Meter weiter kommt die schalldichte Glasscheibe. Direkt dahinter steht die Doggenkamera. Sie ist mit einem dicken Kabel an einen Laptop angeschlossen und blickt unauffällig in Richtung Chipstüte.

Die Schwingungen der Tüte sind so klein, dass auch die Kamera sie nicht als Bewegungen aufnehmen kann. Aber die Schwingungen reichen aus, um den Farbwert einiger Pixel zu verändern. Das kann die Kamera sehen und damit »hören«. Jetzt braucht man eine beeindruckende Kombination von Bildverarbeitungsalgorithmen, um aus dem Film das Muster zu isolieren, das vom Schall stammt. Dann kann das Gespräch rekonstruiert werden. Die Chipstüte kann gar nichts dafür. {Da die geheimdienstliche Verwendung unter der

195

Kameragröße leidet – »James, der Hund starrt so komisch auf meine Chipstüte!« –, ruht die Hoffnung auf Anwendungen eher in nichtinvasiven Messtechniken.}

All diese Beispiele zeigen: Algorithmen können nicht zaubern. Aber sie bekommen Macht für ihre Kunststückchen. Diskriminative Macht. Wir lassen sie nach den Unterschieden, die sie machen können – sprich nach den Kriterien, mit denen sie umgehen können –, unsere Entscheidungen treffen. Wir verlassen uns auf ihr Urteil. Unternehmen, Behörden, ja wir alle überlassen Algorithmen Entscheidungen und vertrauen ihnen zunehmend mehr als Menschen. Kann ich ohne mathematische Fachkenntnis einem Algorithmus widersprechen? Ja. Algorithmen können kein Wissen erschaffen. Sie können mit großen Datenmengen umgehen. Deshalb kann man mit ihnen Kriterien auswerten, an die man früher nicht einmal gedacht hätte. Die meisten Wunder gehen auf das Konto von Symbiosen zwischen Algorithmen mit Kriterien. Häufig tragen sie abschreckende, mathematische Mimikry. Aber der Wahrheitsgehalt und die Anwendbarkeit einer solchen Symbiose sind am Ende keine mathematischen Fragen. Das Wort »Algorithmus« darf uns nicht davon abhalten nachzufragen, nach welchen Kriterien etwas entschieden wird und weshalb man sie für angemessen hält.

6. Wege ins Gleichgewicht

Über die Vielfalt des Zusammenlebens

Entscheidungsfindung in Gemeinschaften

Algorithmen können zentrale Entscheidungen treffen. Sie können Fahrpläne optimieren und Prozessoren steuern. {Sie sind das neue Lieblingsspielzeug der Technokraten.} Egal, ob dieser Planet ein Planet der Algorithmen sein muss oder nicht, er muss zuerst ein Planet der Menschen bleiben. Und die meisten Menschen mögen es nicht, wenn alles zentral entschieden wird.

Zentrale Planung erwartet Zugang zu allen relevanten Informationen, eine klare Zielfunktion und verlässliche Steuerungsmittel. {Mit freien Menschen ist das nicht zu machen.} Eine Entscheidung für eine Gemeinschaft muss den Zielen aller dienen. Eine einzelne Zielfunktion kann das meist nicht abbilden. Anstelle einer zentralen Steuerungsgewalt muss in einer Gemeinschaft jeder Einzelne einen Grund sehen, sich der gemeinsamen Planung anzuschließen. Sie muss Eigenschaften aufweisen, die sie für alle zustimmungsfähig macht. Noch bevor eine gemeinsame Entscheidung getroffen wird, muss der Einzelne bereit sein, die Informationen weiterzugeben, zu denen nur er Zugang hat und die für eine Entscheidung relevant sind. Informationen über die Bedürfnisse und Interessen der Einzelnen zu erlangen ist für eine zentrale Stelle schwer, aber für die Entscheidung von zentraler Bedeutung.

In unserer Gesellschaft werden dezentrale Entscheidungen meist durch Wahlen oder durch Märkte getroffen. In einigen Fällen ist es strittig, welche Entscheidungsform die geeignete ist. {Eine außergewöhnliche Dürre in Kalifornien führte dort zu Diskussionen, ob Wasser rationiert, also teilweise zentral zugeteilt, oder teuer verkauft werden sollte.} Es gibt auch Beispiele, in denen weder Märkte noch eine Abstimmung unter den Betroffenen die geeignete Entscheidungsform zu sein scheint. Studienplätze nicht an den Meistbietenden zu verkaufen, ist eine Frage der Chancengleichheit – und der Qualität des Studiums. Und wie soll entschieden werden, wer eine Spenderniere erhält?

Das algorithmische Denken ist nicht auf zentrale Entscheidungen beschränkt. Es hat wesentlich zum Entstehen einer besonders großen dezentralen Struktur beigetragen: Das Internet, also die Infrastruktur, auf der Webseiten, E-Mails und Ähnliches möglich sind, ist nicht zentral organisiert. Es ist gewachsen. Es wird von vielen unabhängigen, gleichrangigen Partnern betrieben: Peer-to-Peer-Routing bedeutet, dass Datenpakete in einem Netzwerk gleichrangiger Rechner, den Peers, verschickt werden und ihr Ziel erreichen, ohne dass eine zentrale Autorität die Routen vorgibt. {Früher waren Peers die gleichrangigen englischen Adligen.} Die verteilten Algorithmen, sogenannte Protokolle, die heute mehr als die Hälfte des Datenverkehrs im Internet steuern, sind nicht die von großen IT-Firmen vorgeschlagenen. TCP/IP ist ein algorithmischer Standard, der sich durchgesetzt hat, weil seine Eigenschaften für die vielen einzelnen am Netz Beteiligten besser sind als die konkurrierenden Standards von Apple und Microsoft.

Algorithmisches Denken hat dazu geführt, dass wir tradierte Entscheidungsformen besser verstehen und manchmal sogar neue oder abgewandelte Entscheidungsformen finden, die unseren Ansprüchen besser gerecht werden. Diese Entwicklung begann zunächst in der ersten Hälfte des 20. Jahrhunderts und hat in den vergangenen 20 Jahren eine besondere wissenschaftliche und wirtschaftliche Dynamik erfahren. Im algorithmischen Denken findet sich keine Grundlage, um die Ziele und Eigenschaften festzulegen, die man von gemeinschaftlichen Entscheidungen erwartet. Sind diese Ziele und Eigenschaften jedoch definiert, ist es immer noch eine Kunst, eine Entscheidungsform zu finden, mit der diese Eigenschaften und Ziele möglich werden. Hier hat das algorithmische Denken seine Aufgabe.

Es geht nicht darum, dass Algorithmen *auch* Entscheidungen mit dezentralen Interessen treffen können. Algorithmen sind manchmal der beste Weg, um in einer Gruppe mit komplexer Interessenlage eine gute Lösung zu finden. Algorithmen treffen nicht Entscheidungen für die Gruppe, sondern die Gruppe selbst findet in der Form eines Algorithmus zu einer Entscheidung. Das klingt nach schöner neuer Welt. {Schatz, wir müssen mal die Algorithmen für unser Zusammenleben aktualisieren. Dann gibt es auch keinen Streit mehr.} Es braucht Übung zu unterscheiden, welcher Teil eines Konflikts durch mangelndes algorithmisches Verständnis entsteht und welcher nicht. Fangen wir mit einem ganz einfachen Beispiel an.

Kuchen teilen

Ein Vater hat zwei Kinder und nur ein Stück Kuchen. {Klingt schon mal nicht ganz einfach.} Damit daraus kein Streit wird, gibt sich Papa wirklich Mühe, das Stück in zwei genau gleich große Teile zu zerschneiden. Jedes Kind bekommt eines davon. Im besten Fall schreien dann beide, dass sie das andere Stück haben wollen. Denn dann kann man einfach die Stücke tauschen. Wenn nur ein Kind schreit, ist die Lage kritisch.

Kinder! – dachte ich immer, denen geht es in Wahrheit nicht um den Kuchen. Es geht nur darum, zu haben, was der andere hat. {Irrationale Neidwesen.} Heute denke ich, vielleicht bin ich zu negativ. Vielleicht haben sie recht. Da ist gar kein Neid. Es ist meine Borniertheit zu glauben, nur weil ich penibel in der Mitte durchschneide, sei das Kuchenstück gut geteilt. Ich sehe einfach nicht, was die Kinder auf dem Kuchen sehen und weshalb eines von beiden Stücken völlig zu Recht Protest erregt.

Weise Eltern gehen seit biblischen Zeiten so vor: Eines der beiden Kinder bekommt das Messer. Es darf den Kuchen so in zwei Teile schneiden, wie es das gerne möchte. Danach darf das andere Kind aussuchen, welchen der beiden Teile es essen will. Das Sicherste, was das Kind mit dem Messer tun kann, ist, das Stück in zwei Hälften zu schneiden, die nach seinen eigenen Maßstäben absolut gleich gut erscheinen. Dann kann es die Entscheidung des anderen Kindes mit Gelassenheit abwarten. Es erhält mit Sicherheit die Hälfte dessen, was es an dem Kuchenstück gut findet. Das zweite Kind hat es leichter. Es nimmt einfach das Stück, das

Der Kuchen-Teilen-Algorithmus: Was ist das Geheimnis dieses Verfahrens?

ihm besser gefällt. Dadurch bekommt auch das zweite Kind mindestens die Hälfte dessen, was es am Kuchen gut findet.

Was ist das Geheimnis dieses Verfahrens? Welche Eigenschaften zeichnen es aus? Die wichtigste Eigenschaft ist, dass jedes Kind durch seine eigene Entscheidung dafür sorgen kann, mindestens den fairen Anteil vom Kuchen zu bekommen. Schneidet das erste Kind nach seinen Maßstäben mittig, erhält es die Hälfte, egal, was das zweite Kind entscheidet. Auch das zweite Kind ist nicht auf die Entscheidung des ersten angewiesen, um mindestens die Hälfte dessen zu erhalten, was es an dem Kuchen mag.

Zweitens bietet der Algorithmus einen praktischen Zugang zu einer Information, die einem zentralen Planer verborgen ist. Die Kinder können völlig unterschiedliche Vorlieben für Kuchen haben. {Von denen hat der Vater keine Ahnung.} Die

Form der Entscheidung, der Algorithmus, sorgt dafür, dass jedes Kind mindestens die Hälfte dessen bekommt, was es an dem Kuchenstück gut findet, ohne dass dieser Maßstab explizit werden muss.

Drittens ist der Vater dabei überflüssig. {Gut, er sollte vielleicht auf das Messer aufpassen.} Die Kinder können sich selbst auf dieses Verfahren einigen, sobald sie verstanden haben, dass sie auf diese Weise immer mindestens die Hälfte dessen bekommen, was sie am Kuchen mögen: Der Algorithmus zum Kuchenteilen empfiehlt sich selbst.

Zimmer und Preise

Freilich, wer meint, den ganzen Kuchen bekommen zu müssen, wird sich nicht auf dieses Verfahren einlassen. Algorithmen begründen nicht den Willen, gerecht zusammenzuleben. Aber sie erweitern unsere Intelligenz, um sich Gemeinschaftsmodelle vorzustellen, die wir aus anderen Beweggründen wollen. Oft mangelt es nicht am Willen, fair miteinander umzugehen, sondern am Wissen um die Möglichkeiten, sich zu einigen. Man ist manchmal überrascht, was geht.

Ein Resultat aus diesem Spezialgebiet der Algorithmik, der Fair Division, hat vor Kurzem Schlagzeilen bis in die *New York Times* gemacht: die Wohnungsaufteilung. Eine Gruppe von 3 Freunden will eine WG gründen. {Es könnten auch mehr sein. Aber für 8 Freunde müssten wir hier über 7-dimensionale Dreiecke reden. Schwierig. Deshalb: 3 Freunde.} Die Wohnung hat dann auch drei Zimmer. Jedes Zimmer ist anders. Und jeder der drei Freunde ist anders. Den einen stört es, nahe am Bad zu wohnen, der andere findet das praktisch. Der eine braucht viel Tageslicht, der andere mag das Wohnzimmer. Vielleicht gibt es auch ein Zimmer, das alle gerne hätten, aber dem einen ist es wichtiger als dem anderen. Dafür sitzt nicht jedem das Geld gleich locker.

Wie sollen sie die Zimmer und die Miete aufteilen, so dass am Ende jeder von ihnen wirklich zufrieden ist? Die Freunde wollen sich nichts Böses. Dennoch fällt es schwer, eine Aufteilung zu finden, bei der jeder ein gutes Gefühl hat. Die Freunde könnten jemanden beauftragen, einen Plan für sie alle zu erstellen. Woher soll dieser Mediator wissen, wie wichtig einem der Freunde das Mittelzimmer ist? Wie soll er die Lichtaffinität der Freunde messen und mit ihrer Einstellung zum Badezimmer abgleichen? Der Mediator ist ahnungslos, was die Freunde wirklich wollen. {Wie der Vater mit dem Kuchenmesser.}

Strukturell gibt es zwei Unterschiede zum Kuchenteilen. Erstens: Den Kuchen konnte man schneiden, die Zimmer sind schon geschnitten. Zweitens: die Miete. Die Miete kann man noch beliebig aufteilen, aber sie ist kein Kuchen. Man möchte nämlich lieber weniger als mehr zahlen. Das an sich ist noch kein Problem. Erst die Kombination aus Positivem (die schönen Zimmer) und Negativem (die leidige Miete), das geteilt werden soll, macht die Sache etwas komplizierter.

Francis Su vom Harvey Mudd College in Claremont, Kalifornien, hat einen bildschönen Algorithmus zusammengestellt, der eine Aufteilung der Miete auf die Zimmer findet, so dass jeder der drei ein anderes Zimmer am besten (oder gleich gut) findet. {Eine Aufteilung mit Wohlfühlfaktor.} Dieser

Algorithmus funktioniert wie ein Beziehungscoach. Er stellt den Freunden abwechselnd Fragen der folgenden Form: Angenommen, Zimmer 1 kostet so viel, Zimmer 2 so viel und Zimmer 3 den Rest der Miete. Welches Zimmer findest du am besten? Mit diesen Fragen findet der Algorithmus die Wohlfühlaufteilung der Miete. Auf den ersten Blick ist es gar nicht klar, dass es so eine Aufteilung überhaupt gibt. Und tatsächlich muss man ein paar kleine Voraussetzungen annehmen, damit das funktionieren kann.

Die erste und wichtigste Annahme: Die Wohnung steht nicht in München. Etwas formaler: Egal, wie die Miete auf die Zimmer verteilt wird, es gibt für jeden der drei Freunde immer mindestens ein Zimmer, das er gut findet. Ist die Gesamtmiete unerschwinglich oder steht sie in keinem Verhältnis zum Wohnraum, ist diese Bedingung nicht erfüllt.

Die anderen beiden Bedingungen sind eher technischer Art: Ein Zimmer, das umsonst ist, will jeder haben. Wenn man das nicht fordert, könnte man an jemanden geraten, der sagt: Egal, was es kostet, ich will immer das Balkonzimmer. Noch so ein schräger Typ in der Gruppe, und die WG ist gescheitert. {Leute mit zu viel Geld müssen allein wohnen.} Und drittens, wenn die Unterschiede in der Aufteilung sehr klein werden – ein paar Cent vielleicht –, verändert das die Entscheidungen nicht mehr. {Das ist wieder so ein Mathematiker-Ding.} Es könnte ja einer sagen: Für Zimmer drei zahle ich jede Miete, aber sie muss ein Vielfaches von π sein. {Kurzum: nicht in München, keine Snobs, keine Mathematiker. Dann klappt es auch mit der WG.}

Die Dreieckswohnung

Wie stellt der Algorithmus seine Fragen? Zuerst baut er eine neue Wohnung. Eine dreieckige. Auf den Fußboden der Drei-eckswohnung schreibt er die Aufteilungen der Miete. An der ersten Ecke des Dreiecks steht: Zimmer eins zahlt die gan-ze Miete, die beiden anderen Zimmer sind umsonst. Auf der zweiten Ecke kostet nur das zweite Zimmer etwas und auf der dritten nur das dritte Zimmer. Auf der Linie zwischen der ersten und der zweiten Ecke ist das dritte Zimmer immer

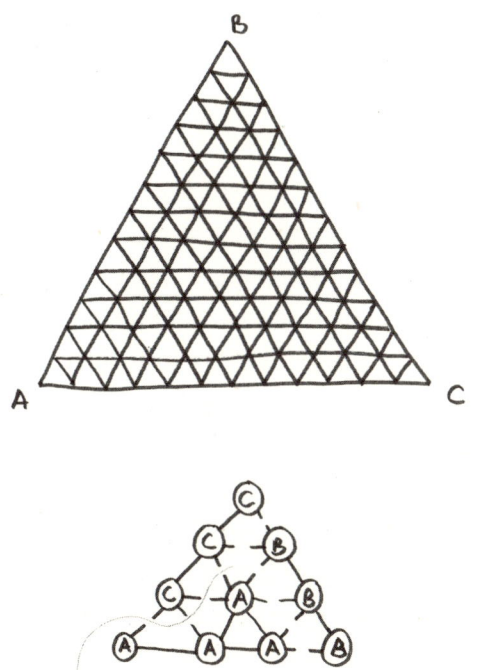

WG-Aufteilung: Klappt nicht in München, mit Snobs oder mit Mathemati-kern. Sonst immer.

noch umsonst, und für die beiden anderen funktioniert die Linie wie ein Schieberegler: Je näher man der ersten Ecke ist, desto mehr Miete entfällt auf das erste Zimmer, und je näher man der zweiten Ecke ist, desto billiger wird das erste und desto teurer das zweite. Im Inneren des Dreiecks geht es nach diesem Prinzip weiter. Je nachdem, wie weit man von den drei Ecken entfernt ist, verteilt sich die Miete auf die drei Zimmer. {Weil man die Miete höchstens bis auf ein paar Cent genau aufteilen muss, kann man mit hinreichend sauberer Handschrift den ganzen Linoleumboden mit allen möglichen Aufteilungen vollschreiben.}

Jetzt zerlegt man das Wohnungsdreieck in lauter kleine Dreiecke. {Das sieht so ein bisschen aus wie ein Harlekinkostüm oder ein Halmabrett.} Die Dreiecke decken Reihe für Reihe die Wohnung ab. In jeder Reihe stößt immer ein Dreieck mit Spitze nach oben zu beiden Seiten an je ein Dreieck mit Spitze nach unten. Man kann diese Aufteilung in kleinere Dreiecke beliebig fein machen. Wir machen sie so fein, dass sich die Mietaufteilungen auf dem Fußboden in jedem Dreieckszimmer nur um ein paar Cents unterscheiden.

Auf dem Grundriss sieht die Dreieckswohnung mit der Unterteilung in dreieckige Zimmer wieder wie ein Netzwerk aus: Die Zimmerecken sind die Knoten, die Wände sind die Kanten. Jeder Knoten in dem Netzwerk wird einem der drei Freunde zugeordnet. Immer abwechselnd, so dass am Ende für jedes Dreieckszimmer jede der drei Ecken einem anderen WG-Genossen zugeordnet wird. Der Algorithmus fragt für jeden Knoten im Netz den jeweiligen WG-Genossen, welches Zimmer er gerne hätte, wenn die Miete ungefähr so aufgeteilt wird, wie es auf dem Boden in dieser Ecke steht. Alle an eine Ecke angrenzenden Zimmer – im Inneren der Dreieckswohnung sind es sechs, am Rand sind es weniger – haben bis auf ein paar Cent die gleiche Aufteilung der Miete auf dem Boden stehen.

Wenn jetzt in einem der kleinen Dreiecke an jeder Ecke ein anderes Zimmer gewählt wurde, dann steht auf dem Boden dieses Dreieckszimmers die magische Mietaufteilung. Klar: An jeder der drei Ecken hat in diesem Fall ein anderer Genosse sich für ein anderes Zimmer begeistert. Die Mietaufteilung ist an allen drei Zimmerecken bis auf ein paar Cent die gleiche. Aber warum sollte es so ein Dreieckszimmer geben? Warum sollten die Antworten der Freunde nicht so ausfallen, dass sich in den Ecken jedes Dreieckszimmers immer mindestens zwei Freunde für das gleiche WG-Zimmer erwärmen? Was wissen wir schon über die Vorlieben der Freunde? Wir haben bisher nichts gemacht, als die Frage nach der Mietaufteilung in ein seltsames Horrorhaus zu vermauern. Wir brauchen Türen. Dann wird alles klar.

Das Labyrinth der Türen

Die Türen werden entsprechend den Antworten der WG-Genossen eingebaut. Wenn die Türen drin sind, wird der Algorithmus durch die Wohnung laufen, bis er einen Raum findet, in dem eine Wohlfühlaufteilung steht. Um die Türen einzubauen, vergessen wir alles, was wir nicht mehr brauchen. Damit wir nicht ständig von WG-Zimmern und Dreieckszimmern reden, ersetzen wir jedes der drei WG-Zimmer durch eine Farbe. Wir haben dann ein Dreiecks-Netzwerk, dessen

Knoten blau, rot und gelb gefärbt sind, je nachdem, welches WG-Zimmer dort gewünscht wurde. Die Frage ist: Gibt es in dem Netz ein Dreieck, das alle drei Farben besitzt? Wenn diese Frage mit Ja beantwortet werden kann, gibt es die gewünschte Aufteilung der Miete. Jetzt die Regel für die Türen: Eine Wand im Dreieckshaus bekommt eine Tür, wenn beide Ecken der Wand unterschiedliche Farben haben. Sind beide Ecken gleich, bleibt die Wand ohne Durchbruch.

Der Algorithmus läuft durch diese Türen und sucht den dreifarbigen Raum. Er beginnt an einer Tür in den Außenwänden. Die Tür führt in einen Raum mit drei Wänden. {Das haben Dreiecke so an sich.} Mindestens eine der Wände ist eine Tür – wir sind gerade durch sie in den Raum gelangt. Das heißt, mindestens zwei der drei Ecken in diesem Raum haben unterschiedliche Farben. Was ist mit der dritten Ecke? Entweder sie hat die dritte Farbe – dann haben wir einen dreifarbigen Raum gefunden – oder sie hat eine der Farben der beiden anderen Ecken. In dem Fall hat der Raum nach der Türenregel eine weitere Tür und eine Wand ohne Tür. Wir gehen durch die neue Tür, kommen in einen Raum, und die Geschichte wiederholt sich. Wenn wir wieder außerhalb des Hauses landen, gibt es garantiert noch eine andere Außentür, die wir noch nicht benutzt haben. Also gehen wir da rein, und die Besichtigung geht weiter.

Warum gibt es nach der Türenregel immer eine Außentür, und wenn wir nach einer Besichtigung wieder im Freien stehen, auch immer eine Tür, um wieder hineinzugehen? Die Außenwände sind der Schlüssel, um etwas über die Knotenfärbung vorherzusagen, denn dort gibt es etwas umsonst. An jeder Außenkante des großen Dreiecks ist eines der Zimmer umsonst, und das will dann jeder nehmen. Also haben an jeder Außenkante alle Knoten die gleiche Farbe. An den Ecken – wo zwei Kanten zusammenstoßen – sind dann logischerweise zwei Zimmer umsonst, und du kannst aussuchen, welche der beiden Farben die Ecke bekommt.

Jetzt kommt ein Zaubertrick: Du umrundest das Haus, und ich bleibe hier sitzen. Du suchst dir die Farbe der Ecken aus, und ich sage dir am Ende, wie viele Türen entstanden sind – so ungefähr zumindest. Du fängst an der roten Außenwand an und gehst sie entlang bis zur Ecke mit der grünen Außenwand. Die Ecke ist dann entweder grün oder rot. Deine Entscheidung. Dann gehst du an der grünen Wand entlang bis zur nächsten Ecke und so weiter, bis du einmal im Kreis gelaufen bist. Der Witz ist, egal, wie du dich an den Ecken jeweils zwischen den zwei Farben entschieden hast, bei einer Umrundung des Hauses siehst du ungerade viele Farbwechsel. Und damit entstehen ungerade viele Türen. Denn eine Tür wird immer dort gebaut, wo zwei Knoten mit unterschiedlicher Farbe nebeneinander sind. {Probiere es aus. Es stimmt immer.}

Das bringt es jetzt, ungerade viele Außentüren? Im Ernst, das ist der ganze Trick. Ungerade viele Türen heißt, es gibt mindestens eine Tür. Da gehen wir rein. Und dann gehen wir weiter. Wie sollte die Hausbesichtigung enden? Entweder wir finden einen dreifarbigen Raum oder … wir laufen irgendwann wieder aus der Wohnung heraus – durch eine andere Außentür. {Jetzt kommt wieder der Mathematiker mit seinen ungeraden vielen Türen.} Egal, wie oft ich in die Wohnung rein- und aus ihr rausgehe – wenn ich draußen bin, habe ich eine gerade Anzahl von Außentüren benutzt. Einmal rein und einmal raus. Also ist von ungerade vielen Außentüren noch mindestens eine übrig. Ich kann also immer wieder durch eine neue Tür hineingehen, bis ich die letzte Eingangstür benutzt habe. Dann muss die Besichtigung im Inneren enden. Und das geht nur in einem dreifarbigen Zimmer.

Kann es nicht sein, dass ich im Kreis laufe oder von unterschiedlichen Eingängen aus zur selben Ausgangstür komme? Das würde heißen, dass sich meine Wege durch die Wohnung in einem Zimmer treffen. Und das muss dann mehr als zwei Türen haben. Das geht nur mit drei verschiedenen Farben an den Ecken. Dass es eine Aufteilung der Miete gibt, mit der alle glücklich sind, beruht also auf einem erstaunlichen Satz über Knotenfärbungen von solchen Dreiecksnetzen, den Triangulierungen: Egal, wie man die Knoten mit den drei Farben einfärbt, solange bestimmte Einschränkungen an den Rändern der Dreieckswohnung gelten, gibt es mindestens ein Dreieckszimmer, das alle drei Farben besitzt. Und da liegt das Wohlfühlzimmer.

Tipps fürs Feilschen

Zurück zum Kuchenstück. Wenn das erste Kind klug seinen Vorteil sucht, wird es den Kuchen in zwei Stücke teilen, die es für gleich gut hält. Das gibt uns einen kleinen Einblick in den Kuchengeschmack dieses Kindes. Das Prinzip fürs Kuchenteilen entlockt den Kindern private Informationen. Bei einem Algorithmus, der auf private Information angewiesen ist, spricht man häufig von einem Mechanismus. Idealerweise ist ein Mechanismus so gestaltet, dass es für die Besitzer privater Information das Beste ist, die Information wahrheitsgemäß preiszugeben. Erst durch die Enthüllung der privaten Information kann der Mechanismus die allgemein gewünschten Eigenschaften, hier: eine faire Aufteilung, erzielen.

Märkte sind klassische Beispiele für Mechanismen. Die Wertschätzung der Marktteilnehmer für Güter ist in der Regel private Information. Es gibt eine traditionelle Methode, nach privaten Informationen über die Wertschätzung des anderen Marktteilnehmers für eine Ware zu suchen: das Feilschen. Ein guter Mechanismus hingegen macht das Feilschen überflüssig.

Der Erste, der systematisch den Mechanismus eines Marktes untersucht und dann einen besseren Mechanismus dafür vorgeschlagen hat, war der Ökonom und spätere Nobelpreisträger William Vickrey. Als er 1961 seine Idee veröffentlichte, interessierten sich nur wenige dafür. Heute lebt davon der zweitgrößte Konzern der Welt: Google. {Viele von uns haben mithilfe dieser Idee schon einen Vertrag abgeschlossen.} Eine Suchmaschine kostet den Nutzer keine Gebühr. Online-Kartendienste und viele andere Services auch nicht. Google und seine Mitbewerber funktionieren bisher wie kostenlose Funparks. Auf der einen Seite stehen die Attraktionen, die jeder von uns gerne benutzt. Für jeden ist etwas dabei, und alles ist umsonst. Gleich daneben stehen riesige Werbetafeln.

Man stelle sich vor, dass die Autoindustrie so funktionieren würde: Autos, am besten noch autonom fahrende Autos, kosten keinen Cent. Du kannst einsteigen, wann immer du willst, und der Wagen fährt dich kostenfrei zu deinem Ziel.

{Dafür gibt es ein bisschen Werbung, was du an dem eingegebenen Ziel oder sonst in deinem tristen Leben so tun könntest.} Vielleicht schlägt dir das Auto alternative Ziele vor – mit dem Hinweis, dass die dafür bezahlt haben. Oder du steigst einfach ein und sagst: »Ich will Strandurlaub.« Und dann schmeißen die ausgehungerten Hotelketten den Automobilherstellern das Geld hinterher, damit das Navi sie als erste Adresse empfiehlt. Warum sollte der für Mobilität zahlen, der mobil ist, und nicht der, zu dem er fährt? Ein unvorstellbares Geschäftsmodell. Für Suchmaschinen läuft es so. {Für Autos hat Google die Idee gerade schützen lassen.}

Zurück zur Werbung. Was kostet so eine Annonce? Das kommt darauf an, was es mir wert ist. Ja, wenn die Suchmaschine Google so fragt: gar nichts. Genau das ist das Problem. Von allein wird niemand verraten, wie viel ihm die Werbung wert ist. Google selbst könnte es fast egal sein. Alle Werbungen sind gleich groß. Aber für einen Werbekunden ist der Platz neben Suchergebnissen für »SUV 7 Sitze« viel mehr wert als der neben »Vegane Hamburger Wolfenbüttel«. Der Bioladen in Wolfenbüttel möchte genauso viel Platz auf meinem Bildschirm ergattern wie der SUV-Hersteller aus Wolfsburg. Er wird aber längst nicht so viel zahlen. Google müsste Heerscharen von MBAs beschäftigen, um mit jedem Anzeigenkunden den richtigen Preis zu verhandeln. Das macht Google ebenso wenig, wie jede Suchanfrage einzeln durchlesen und die Webseiten dann sortieren. Für beides lassen sie Algorithmen laufen.

Niemals den ersten Preis bezahlen!

Eine alte Familie von Algorithmen, um einen Preis zu bestimmen, sind Auktionen: Ein Objekt wird unter mehreren Interessenten versteigert. Jeder Bieter gibt in einem verschlossenen Umschlag einmalig sein Gebot ab. Der Verkäufer öffnet die Umschläge und gibt die Ware – Überraschung – an den Bieter mit dem höchsten Gebot. Und der zahlt dafür – zweite Überraschung – das, was er in seinem Umschlag geboten hatte.

Die zweite Sache fand Vickrey wirklich überraschend. Warum sollte ein Bieter bezahlen, was er auf seinen Zettel geschrieben hat? Ja, warum eigentlich? Weil er das Ding bekommt und auf dem Zettel steht, was es ihm wert ist. Wenn auf dem Zettel genau das steht, was es dem Bieter wert ist, dann hätte er nichts davon, den Zuschlag zu bekommen. Er könnte es genauso gut nicht kaufen. Das ist sozusagen die Definition von wie viel mir etwas wert ist: der Preis, für den ich es ebenso gut liegen lassen könnte. {Faustregel: Der Preis, den mir etwas wert ist, ist der Preis, für den ich es auch bei Aldi bekomme.}

Ein Bieter sollte deshalb etwas weniger bieten als seine Wertschätzung für die Ware. Er sollte sein Gebot so niedrig wie möglich halten und nur versuchen, mehr zu bieten, als es den anderen wert ist. Dabei kann er ruhig ein bisschen pokern. Denn wenn er sich verschätzt und deshalb nicht den Zuschlag bekommt, ist das genauso gut, als wenn er den Zuschlag für genau den Preis bekäme, dem ihm die Ware wert ist. Er hat in beiden Fällen keinen Zugewinn.

Diese Art der Auktion lädt nicht dazu ein, die eigene Wertschätzung wahrheitsgemäß auf den Bieterzettel zu schreiben. Wenn es dem Verkäufer gar nicht darum ginge, viel Geld zu

Vickreys Idee war es, dem Bieter mit dem höchsten Gebot die Ware zu geben und dafür den Wert des zweithöchsten Gebotes zu kassieren.

verdienen, wenn er einfach nur wollte, dass seine geliebte Ware in die Hände dessen gerät, der sie am meisten wertschätzt – wie bringt er die Bieter dazu, ihre wahre Wertschätzung für die Ware auf den Zettel zu schreiben? Vickreys Idee war es, dem Bieter mit dem höchsten Gebot die Ware zu geben und dafür den Wert des zweithöchsten Gebotes zu kassieren. {Umtausch ausgeschlossen!} Das ist die »single item single sealed-bid second-price auction«, besser bekannt als Vickrey-Auktion.

Was bewirkt diese Auktion? Was würdest du auf den Zettel schreiben? Mehr als deine Wertschätzung? Das ist gefährlich. Wenn du den Zuschlag bekommst und ein anderer hat auch mehr als deine echte Wertschätzung geboten, zahlst du am

Ende mehr, als es dir wert ist. Vielleicht solltest du weniger bieten, als es dir wert ist? Damit riskierst du, dass jemand anderes das Ding für einen Preis bekommt, den auch du gerne bezahlt hättest. Du hast nichts verloren, hättest aber etwas gewinnen können.

Das Beste ist, du schreibst deine wahre Wertschätzung auf den Zettel. Falls du den Zuschlag dann nicht bekommst, kannst du sicher sein, dass der Preis zu hoch ist. {Du gehst besser zu Aldi.} Falls du aber den Zuschlag bekommst, wirst du höchstens so viel zahlen wie bei Aldi, wahrscheinlich aber weniger. Die Wahrheit auf den Zettel zu schreiben ist in diesem Falle die beste Strategie.

Googles Verhandlungsfehler

Der Algorithmus bevorteilt ein wahrheitsgemäßes Verhalten der Bieter und verteilt das Gut zur maximalen sozialen Wohlfahrt. Für den Verkäufer ist das natürlich schon schade: Wenn er die Umschläge aufmacht und er sieht dieses eine riesige Gebot. Er weiß, dass es diesem Bieter ernsthaft so viel wert ist. Und er weiß auch: Er wird ihm das Ding für das mickrige zweite Gebot geben müssen. {Die Sorge um den Erlös des Anbieters ist übrigens der Grund, warum bei Ebay der Auktionsmechanismus um ein Mindestgebot erweitert ist.}

Google hat ein leicht anders gelagertes Problem. Rechts auf der Seite neben den Suchergebnissen wird Werbung angezeigt. Diese Werbeplätze will Google versteigern. Es ist aber nicht ein Werbeplatz, sondern mehrere unterschiedlich gute. Je weiter oben die Werbung auf der Seite erscheint, desto besser. Wie soll man die Plätze versteigern? Kann man die Second-Prize-Auktion mit ihren schönen Eigenschaften auf mehrere Güter erweitern? {Eine Zeit lang konnte man auf keine Algorithmen-Konferenz gehen, ohne von Vorträgen zu diesen sogenannten Ad-Auctions überflutet zu werden.}

Die einfachste Variante, die Second-Prize-Auktion auf Googles Fall auszuweiten, geht so: Die Werbeplätze verteilt man nach der Höhe der Gebote. Für den ersten Platz muss das Gebot des zweiten Bieters bezahlt werden – für den zweiten Platz das Gebot des dritten und so weiter. Eigentlich ganz einfach. Man nennt das die Generalized-Second-Price-Auktion. Ärgerlich nur, dass es bei dieser Auktion für die Bieter nicht immer die beste Strategie ist, den Preis anzugeben, den ihnen die Anzeige wert ist. Das war aber gerade der Witz der Vickrey-Auktion.

Zum Glück gibt es den Vickrey-Clarke-Groves-Mechanismus (VCG). Dieser interpretiert die Idee der Vickrey-Auktion etwas anders: Wenn ich als Meistbietender die Ware erhalte, schnappe ich sie allen anderen Bietern weg. Deshalb muss ich den Wert bezahlen, den die Ware für die anderen hätte, wenn ich nicht mitmachen würde. Für eine Ware ist das gerade die Wertschätzung des Zweiten. Im Fall mehrerer Güter verfährt VCG nach demselben Prinzip. Ich bezahle für die Verschlechterung, die andere erleiden, weil ich meinen Platz auf dem Werbebalken einnehme. Diese Auktion hat wieder die schöne Eigenschaft, dass jeder Bieter am besten seine wahre Wertschätzung angibt. {Google könnte den VCG-Mechanismus verwenden. Tun sie aber nicht. Sie machen Generalized-Second-Prize. Es ist einfacher, und für die Kunden ist es ohnehin zu kompliziert, was anderes als ihre wahre Wertschätzung anzugeben.}

In manchen Lebenslagen will niemand nach Geld entscheiden. Einen Studienplatz, einen Partner fürs Leben, die eigene Gesundheit. In vielen Ländern wird das Modell Stabiler Ehen, bekannt als Stable-Marriage-Problem, benutzt, um Studienplätze zu verteilen. Die Ausgangssituation ist folgende: Jeder Studienbewerber besitzt eigene Präferenzen, an welcher Universität er studieren möchte, oder Mama und Papa möchten, dass er dort studiert. {Genau wie beim Heiraten!} Diese Ranglisten können bei jedem Studenten anders ausfallen. Sicher gibt es im Schnitt beliebte und weniger beliebte Universitäten, aber wenn ein hervorragender Bewerber eine Universität in der Nähe seiner Heimat vorzieht, muss man ihn nicht auf eine allgemein beliebte Uni in der Ferne schaffen. Die Universitäten haben auch eine Rangliste der Studienbewerber. Was wäre auf Basis dieser Listen eine vernünftig Zuordnung der Studierenden auf die Studienplätze? Wir schauen uns das lieber für die Ehe an.

Für den Phänomenbereich der Ehe haben sich viele Leser bereits andernorts mit den Grundbegriffen und gängigsten Mechanismen vertraut gemacht. Das erleichtert es, die folgenden algorithmischen Überlegungen am Beispiel der Ehe zu erläutern. {Obwohl eine Anwendung auf dieses Gebiet freilich Blödsinn ist.} Die Ausgangssituation stellt man sich genauso vor wie bei den Studienplätzen. Männer und Frauen haben wie Universitäten und Studierende Präferenzlisten voneinander. Was man vermeiden möchte, sind Zuordnungen mit a priori erkennbaren Scheidungsgründen. Technisch nennt man so einen Scheidungsgrund ein Blockierendes

Ein Blockierendes Paar besteht aus einer Frau und einem Mann, die beide lieber mit anderen Partnern zusammen wären.

Paar. Ein Blockierendes Paar besteht aus einer Frau und einem Mann, die beide lieber mit einem anderen zusammen wären als mit ihrem Ehepartner. Wie kann man die Paarungsrituale so organisieren, dass sich eine stabile Zuordnung möglichst vieler Heiratswilliger findet, eine Zuordnung ohne ein Blockierendes Paar?

Stabilität ist eine schlichte, aber kraftvolle Eigenschaft. Auch in einer stabilen Zuordnung wird nicht jeder an seiner Traum-Uni studieren. Aber niemand wird eine Universität finden können, die er lieber hätte und die ihn auch lieber nehmen würde. Der Einzelne kann sich von einer stabilen Zuordnung zurückziehen. Aber nur um den Preis, keinen anderen, besseren Partner zu finden.

Jeder Mann macht einer Frau einen Antrag. {Was jetzt folgt, ist in den 1960er Jahren entstanden – wie man schnell merken wird.} Sinnvollerweise macht er den Antrag bei derjenigen,

218

die er am liebsten mag. Die Frauen haben eine passive Rolle. Jede Frau akzeptiert einen der Anträge, die sie bekommt. Die Paare, die sich gefunden haben, fahren in die Flitterwochen. Die Daheimgebliebenen wiederholen das Spiel.

Das wäre sicher die einfachste Variante. Aber sie führt zu einer Scheidungswelle, wenn die Flitterwochen vorbei sind. Angenommen, Andreas macht Olivia einen Antrag. Für Olivia ist Andreas zweite Wahl. Sie wäre lieber mit Orsino zusammen, aber der versteigt sich und macht seinen ersten Antrag irgendeiner Viola, die sich sowieso nicht für ihn interessiert. Also nimmt Olivia den Antrag von Andreas an und fliegt mit ihm all-inclusive nach Illyrien. Orsino ist derweil bei seiner Traumfrau abgeblitzt und würde jetzt gern Olivia einen Antrag machen. Aber die ist schon in den Flitterwochen. Also heiratet Orsino eine ganz andere, die er auch ein bisschen mag. Hauptsache weg von der Straße. Wenn alle aus den Flitterwochen zurück sind, werden Orsino und Olivia feststellen, dass sie beide lieber miteinander als mit ihrem jetzigen Partner zusammen wären. Wissenschaftlich sind Olivia und Orsino ein Blockierendes Paar. {Über den Rest dürfen wir schweigen.}

Die Partysaison

Die Sache mit den Anträgen der Männer funktioniert erst, wenn die Frauen ihre sogenannte passive Rolle voll ausspielen. Sie müssen die Männer hinhalten. Dazu braucht es eine Partysaison. Auf jeder Feier macht jeder Mann der Nummer eins auf seiner Liste einen Antrag – wie gehabt. Während des gesamten Abends sammeln die Frauen Anträge ein. Den weniger attraktiven Jungs geben sie noch am selben Abend eine klare Absage. Nur den besten Antragsteller des Abends, den halten sie hin.

Die Jungs, die einen Korb bekommen haben, überzeugen sich beim Katerfrühstück, dass ihre bisherige Nummer eins sie gar nicht verdient hat, streichen sie von ihrer Liste und schmachten bis zur nächsten Party für die neue Nummer eins auf ihrer Liste. Die Jungs, die hingehalten werden, wiegen sich derweil in Sicherheit. {Vielleicht gehen sie gar nicht auf die nächste Feier, sondern zocken die Nacht am Computer mit einem Rollenspiel, durch.}

Auf der nächsten Party läuft wieder das gleiche Spiel. Jeder Mann macht einen Antrag, und die Frauen sammeln die Anträge ein. Nur die Männer, die hingehalten werden, unterstehen sich, einer anderen ihr Herz zu versprechen. {Mann will es ja nicht auf den letzten Metern vermasseln.} Am Ende der Feier entscheidet sich jede Angebetete für den einen, in ihren Augen besten Bewerber – unter denen, die heute Abend einen Antrag gestellt haben, und dem Kerl, den sie sich warmgehalten hat. Der neue Favorit wird warmgehalten. Der Rest bekommt eine SMS.

Irgendwann wird kein Mann mehr einen Antrag stellen. Entweder seine Liste ist leer und das Heiraten überlässt er seinem Avatar im Rollenspiel, oder er wird gerade hingehalten. Dazu muss es irgendwann kommen, denn nach jeder Party mit Absage wird die Liste mindestens eines Jungen kürzer. Wenn es keine neuen Anträge gibt, ist für die Frauen der Zeitpunkt gekommen, um mit den warmgehaltenen Freunden einmal ernsthaft zu reden.

Dieser sogenannte Deferred-Acceptance-Algorithmus führt zu einem stabilen Matching. Das ist leicht einzusehen: Wenn Orsino mit einer Frau zusammen ist, die auf seiner Liste unter Olivia steht, hatte er vorher schon Olivia einen Antrag gemacht, und Olivia hat ihm einen Korb gegeben. Warum hat Olivia ihm einen Korb gegeben? Sie würde Orsino nur abweisen, wenn sich ein Mann, der höher auf ihrer Liste steht, um sie bemüht. {Für die Männer gibt es in diesem Spiel aber kein Zurück.} Wird ein Mann warmgehalten, kommt er von der Frau nur wieder los, wenn die einen besseren findet. Mit anderen Worten, wenn Olivia jemals Orsino einen Korb gibt, wird sie sich danach nur noch mit besseren Typen abgeben. Ein blockierendes Paar kann gar nicht erst entstehen.

Die Verbandelung, die der Algorithmus findet, ist maximal unter den stabilen Zuordnungen. Es gibt demnach keine stabile Zuordnung, die mehr Paare in den Hafen der Ehe führt. {Man nennt das sozial optimal.} Das ist ein sinnvolles Konzept, wenn man an die Studierenden denkt. Schließlich sollten Studienplätze nicht unnötig frei bleiben. Studierende und Universitäten werden freilich nicht auf Partys verbandelt. Aber wenn jeder seine Präferenzen wahrheitsgemäß auf eine Liste schreibt, kann ein Rechner mit diesem Algorithmus die stabile Zuordnung bestimmen. Und da ist es hilfreich, dass dabei niemand einen Vorteil davon hat, eine Liste abzugeben, die nicht seinen wahren Präferenzen entspricht. Der Algorithmus wird auch als Gale-Shapley-Algorithmus bezeichnet, nach David Gale und Lloyd Shapley. {Gale war übrigens ein brillanter Vermittler für Mathematik. Er verstarb 2008, noch bevor Shapley unter anderem für diesen Algorithmus aus dem Jahr 1962 den Wirtschaftsnobelpreis erhielt.}

Mathematisch könnte es übrigens genauso gut umgekehrt sein: Die Frauen machen den Männern die Anträge. Das Ergebnis ist nicht unbedingt das gleiche, aber es ist wieder eine stabile und maximale Zuordnung. {Also kein Grund, sich über den traditionellen Ausgangspunkt zu beschweren.} Ein Detail vielleicht noch: Wenn die Männer die Anträge stellen, ist die Zuordnung, wie man sagt, Männer-optimal. Das heißt, es gibt keine andere stabile Zuordnung, bei der kein Mann schlechter, aber mindestens ein Mann besser wegkommt. Stellen die Frauen die Anträge, wird die Zuordnung Frauen-optimal. {Also gibt es doch einen Grund, die Anträge nicht den Männern zu überlassen.}

Die besten Universitäten

Die Zuordnung von Studenten zu Studienplätzen funktioniert genauso wie im Gale-Shapley-Algorithmus. Es gibt nur ein klitzekleines Problem. Ein Student kann eine vollständige Rangliste aller Universitäten angeben, an denen er studieren will. Eine Universität kann aber keine Rangliste aller Studienbewerber erstellen. Die Universitäten haben ein Punktesystem, mit dem sie die Studierenden bewerten. Da kommt es immer wieder vor, dass mehrere Studierende gleich bewertet werden.

Es klingt nach einer Formalität. {Aber wenn man sich nicht eindeutig entscheiden kann, wen man besser findet, bricht die heile Heiratswelt der 60er Jahre zusammen.} Die Probleme zeigen sich schon an einem einfach Beispiel: Nehmen wir an, Seppel und Kasper wollen in Berlin studieren. Sie bewerben

Seppel und Kasper wollen in Berlin studieren. Einer trickst dabei.

sich beide an der Freien Universität (FU) und an der Humboldt Universität (HU). Beide kommen vom Land und fühlen sich daher auf dem Dahlemer Campus der FU wohler. FU ist bei ihnen auf Platz eins und HU auf Platz zwei. {Für die Berliner Universitäten sind die beiden bayerischen Abiturienten intellektuell nicht zu unterscheiden.}

An beiden Unis ist noch je ein Studienplatz frei. Kasper denkt sich einen Trick aus. Er schreibt die HU gar nicht erst auf seine Liste. Der Algorithmus zur Verteilung der Studenten sollte sicherlich eine maximale Zuordnung anstreben, also nicht unnötig Studienplätze frei lassen. Da Kasper aber angeblich nur an die FU will und es der FU egal ist, wen von beiden sie bekommt, muss Seppel an der HU studieren – mitten in der großen Stadt. Es lohnt sich also für Kasper, nicht die Wahrheit zu sagen. {Wenn der wüsste, was er verpasst.}

Selbst bei korrekten Angaben der Studienbewerber ist es nicht mehr einfach – sondern NP-schwer –, eine maximale stabile Zuordnung zu finden, wenn die Präferenzen nicht mehr eindeutig sind. Stattdessen gibt es Approximationsalgorithmen, also Algorithmen, für die man garantieren kann, dass sie eine *fast maximale* Zuordnung erreichen. Diese Algorithmen funktionieren ähnlich wie Gale-Shapley. Sie rufen Gale-Shapley in mehreren Runden auf. Und sie alle benutzen einen herzerwärmenden Trick: Wenn ein Mann in einer Runde keine Frau abbekommen hat, wird ihm das in der nächsten Runde als Bonus angerechnet. Wenn sich eine Frau in der vorhergehenden Runde für jemand anderen entschieden hat, den sie eigentlich nur genauso gern mag wie den Sitzengelassenen, dann wird sie in dieser Runde lieber den traurigen Junggesellen trösten. Charme-function nennt das die Literatur. {Mitleidsbonus, um es klar zu sagen.} Die Inspiration zu diesem Trick ist psychologisch umstritten. Bewiesen ist: Der Mitleidsbonus hilft, um ein stabiles Matching zu finden, das mindestens zwei Drittel so viele Studienplätze vergibt wie das maximale stabile Matching.

Schwierige Entscheidungen

Stabile Matchings sind in vielen Varianten erforscht worden. Warum müssen es immer Frauen und Männer sein? Gibt es auch einen neidfreien Algorithmus, in dem man seine Präferenzliste nicht auf die »andere« Hälfte einschränken muss? In der Literatur wird diese Frage als Haustauschproblem geführt: Eine Gruppe von Hausbesitzern möchte für eine Urlaubswoche untereinander die Häuser tauschen. New Yorker wollen ein bisschen Provence und umgekehrt. Jeder Hausbesitzer hat eine Präferenzliste über die Häuser der anderen Hausbesitzer. Aber die Häuser zerfallen nicht in zwei Gruppen wie Männer und Frauen. {Vielleicht will jemand aus Lyon eine Woche in der Provence verbringen, aber der New Yorker kennt gar keinen Unterschied zwischen Lyon und Avignon.} Dadurch ändert sich im Prinzip nichts, es wird nur alles etwas komplizierter. Zum Beispiel reicht es für die Stabilität nicht mehr aus, Paare zu betrachten. So könnte eine gegebene Zuordnung der Häuser den Unmut von drei Hausbesitzern erregen, die die ihnen zugewiesenen Ferienhäuser im Kreis austauschen würden. Es entstehen jetzt nicht nur Blockierende Paare, sondern Bblockierende Gruppen.

Letztlich gibt es auch für das Haustauschproblem einen Algorithmus, der eine stabile Zuordnung findet und bei dem es sich für keinen Hausbesitzer lohnt, falsche Präferenzen anzugeben. Alvin Roth hat vorgeschlagen, die Forschung für das Haustauschproblem auf eine Frage auszuweiten, für die niemand eine falsche Entscheidung treffen möchte. {Roth hat 2012 zusammen mit Lloyd Shapley für seine Forschung auf diesem Gebiet den Wirtschaftsnobelpreis erhalten.} Es geht darum, Menschen, die eine Spenderniere benötigen, mit Menschen zusammenzubringen, die bereit sind, eine Niere zu spenden. Ein Mensch, der bereit ist, eine Niere zu spenden, tut dies für jemanden, der ihm sehr nahesteht. Ein Paar von Spender und Empfänger muss aber medizinisch zusammenpassen. Deswegen möchte man Gruppen von Spender-Empfänger-Paaren zusammenführen, so dass jeder Empfänger in der Gruppe einen medizinisch passenden Spender findet und jeder Spender sicher sein kann, dass sein Vertrauter ebenfalls eine passende Spenderniere erhält.

Auch hier gibt es Präferenzen. {Viele wollen gerne den jungen, gesunden, nichtrauchenden Antialkoholiker als Spender.} Nach welchen Kriterien soll eine Zuordnung durchgeführt werden? Wer will die Zuordnung entscheiden? Und wenn wir es den Medizinern überlassen, nach welchen Kriterien sollen sie entscheiden? Und wer garantiert, dass die Angaben etwa über Präferenzen richtig sind und nicht mit Hintergedanken manipuliert werden?

Der Spendertausch unterliegt vielen zusätzlichen Einschränkungen. Die wichtigste entsteht dadurch, dass die Operationen alle parallel durchgeführt werden müssen. Eine Verpflichtung, nachträglich eine Niere zu spenden, kann keinem Menschen auferlegt werden. Dadurch ist die Größe der Gruppe, innerhalb derer getauscht wird, beschränkt. Die Forschung zum Vorschlag von Alvin Roth ist nicht am Ziel. Wer wessen Spenderniere erhalten soll, ist offensichtlich keine Frage, die eine übergeordnete Autorität entscheiden darf. Es muss ein Weg gefunden werden, diese Entscheidung so zu treffen, dass alle Beteiligten sich fair behandelt sehen.

Stabilität ist eine unscheinbare Maxime. Sie umzusetzen ist algorithmisch schon nicht trivial. Das Forschungsfeld, das für verschiedene Maximen nach passenden Entscheidungswegen sucht, gehört zur sogenannten Spieltheorie. Dort, wo es komplizierter wird, spricht man dann auch von algorithmischer Spieltheorie. Der Name geht zurück auf das grundlegende Buch von John von Neumann und Oskar Morgenstern aus dem Jahre 1944 »Theory of Games and Economic Behavior« (und eine frühere Arbeit von Neumanns). Das rechtfertigt den Namen »Spieltheorie« historisch.

In der Sache ist er irreführend. Es geht nicht ums Spielen. Es geht ums Handeln. Wenn geklärt ist, welche Maxime eine Handlung bestimmen soll, erfordert es in vielen Situationen ernsthaftes Nachdenken, wie diese Maxime am besten zu erwirken ist. Es gibt keinen Grund anzunehmen, dass das Verständnis dieses nachgelagerten Teils, eine Handlung zu wählen, trivial ist. Es ist sicher nicht trivial, die Verhältnisse so einzurichten, dass allgemein wünschenswerte Maximen für den einzelnen Handelnden nicht zum Nachteil werden. Die Forschung hierzu befindet sich in einer frühen Phase. Es sind algorithmische Fragen. Ihre Beantwortung wird unsere Fähigkeiten erweitern, als freie Menschen eine stabile Gemeinschaft zu bilden.

7. Das neue Sehen

Die alten Meister des algorithmischen Denkens

Malen heißt verstehen

Sehr viel ist nicht übrig geblieben von dem, was Leonardo da Vinci wirklich gut konnte. Genug für die Unsterblichkeit. Es gibt etwa zwei Dutzend größere, bewegliche Werke Leonardos. Dennoch kann es leicht sein, dass auf dem Planeten mehr als zwei Dutzend Leonardo-Ausstellungen gleichzeitig stattfinden. Das liegt an den vielen Dingen, die er *auch* noch konnte: Er hat *auch* das Auto erfunden und *auch* die Amazon-Drohne und *auch* einen neuen Firniss für Fresken – weshalb davon nicht so viele übrig blieben –, und natürlich werden wir hier behaupten, er hat *auch* den Algorithmus erfunden. {Zugegeben, al-Chwarizmi und andere waren da vor ihm. Aber auch die meisten von Leonardos Kriegsmaschinen finden sich schon bei antiken Autoren.}

Das Auch-Werk Leonardos findet sich in Manuskripten und sogenannten Codices. Die Codices sind Teile seiner Zettelsammlung. Diese Blätter sind wie Röntgenbilder in das Denken eines Menschen, der mit der Zeichenhand dachte und offensichtlich unter Papiermangel litt. {Heute gibt es Faksimileausgaben, und jede Kreissparkasse kann eine Leonardo-Ausstellung auf die Beine stellen, indem sie die lokale Holzindustrie mit dem Bau der einen oder anderen Zeichnung beauftragt..}

Für Leonardo gehörten Naturforschung und Kunst zusammen. Er beobachtete, wie die Hügel der Toskana immer blauer wurden, je weiter sie entfernt waren, und schloss daraus, dass es einen blauen Bestandteil in der Luft geben müsse. Zu malen, hieß für ihn zu verstehen. Beim Stöbern in den Manuskripten und Codices gewinnt man einen Einblick in diese aktive Art, die Welt zu sehen. Es ging ihm nicht darum, etwas Statisches nachzubilden, sondern darum, das Prinzip zu verstehen, aus dem entsteht, was wir sehen. Wenn man dieses Prinzip versteht, lässt sich auch am besten malen.

Im Pariser Manuscript M gibt Leonardo eine Empfehlung, um Bäume zu malen. Nicht für einen Baum, sondern für das allgemeine »Problem«, Bäume zu malen. Einen Baum, das lernt man schon in der Grundschule, malt man, so wie er wächst, von unten nach oben. Leonardo beobachtet genauer, wie Bäume sich verzweigen. Gabelt sich ein Ast in zwei unterschiedlich dicke Zweige, dann ist der stärkere Zweig weniger aus der Linie des Astes herausgedreht als der dünnere. Die Winkelabweichung ist umgekehrt proportional zur Stärke der Äste – so ungefähr.

Die Beobachtung ist unscheinbar. Ihre Denkweise erzeugt jedoch ein neues Bild des Planeten. Um etwas richtig zu sehen, versucht Leonardo zu verstehen, welche Regeln es entstehen lassen. Die Codices enthalten viele Studien zu Wasserströmungen. {Manche sehen erstaunlich ungelenk aus für einen Maler wie Leonardo.} Man sieht förmlich, wie er nach dem Algorithmus sucht, nach dem das Wasser fließt. Aber das Prinzip, das er probiert, bleibt zu simpel, um das Phänomen zu fassen.

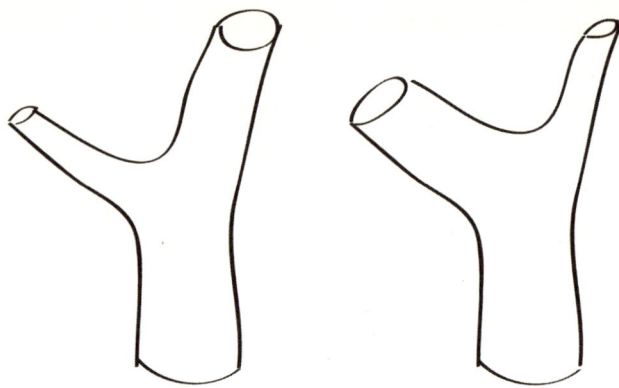

Astgabeln zeichnen: Links ist richtig, rechts ist falsch.

Dieses Jahr wurde mit einer der führenden Graphic Engines, der Unreal 4, ein Appartement in Paris gemalt. Die Bilder sind von Werbefotografien für Designermöbel nicht zu unterscheiden. Das liegt ein bisschen an der Vorliebe unserer Zeit für minimalistisches Design, aber vor allem an den Algorithmen, mit denen das virtuelle Appartement gemalt wurde. Das Licht, die Texturen, die Zimmerpflanzen wurden nicht von Menschen gezeichnet. Statt selbst zu malen, haben Menschen die Prinzipien beschrieben, nach denen diese Phänomene zu malen sind, die Prinzipien, aus denen diese Phänomene entstehen. Eines sieht auf dem algorithmischen Bild sehr ungelenk aus: die zurückgezogenen Gardinen. Sie sind lang und sollten in fließenden Falten auf dem Boden aufsetzen. Man erkennt sofort, dass der Faltenwurf nicht echt ist. Die Zimmerpflanzen gehen noch als Fotorealismus durch. Aber das Prinzip des Fließenden zu erkennen, macht uns noch heute zu schaffen.

Für den letzten Tag der Tour haben wir uns etwas Ungewöhnliches aufgehoben. Algorithmisch zu denken, führt zu einer neuen, in vielem noch ungelenken Art, den Planeten zu betrachten. In den folgenden drei kleinen Beispielen schafft es diese Sichtweise, den Wald vor lauter Bäumen zu sehen.

Kann man Wasser sehen?

Es gibt eine vollständig von Menschen geschaffene Struktur, die so komplex ist, dass wir nicht in der Lage sind, uns ein Bild davon zu machen. Die Rede ist vom Web, dem Netz der Webseiten und ihrer Links. Wie sieht dieses Netz aus? Niemand hat einen Bauplan dafür erstellt. Es ist gewachsen und wächst ständig weiter durch Millionen kleiner Entscheidungen von Menschen, ihre Webseite mit einer anderen zu verlinken. So wuchert eine Struktur, in der Wirtschaft, Politik, Wissenschaft, soziales und kulturelles Leben stattfinden. Und keiner hat einen Plan.

Es geht gar nicht um die technischen Schwierigkeiten, alle Daten zu besorgen und vorzuhalten. Das Problem ist, ein verständliches Bild davon zu malen. {Leonardo konnte freizügig Wasser beobachten. Aber um es zu malen, wollte er verstehen, was dort zu sehen ist.} Was macht das Netz aus? Nach welchem Algorithmus wächst das Web? Die einzelnen Entscheidungen, einen Link zu setzen, sind so vielfältig, dass eine exakte Modellierung zu komplex wäre. Es geht darum, ein einfaches Prinzip zu finden, das die Realität gut genug trifft.

In der Zeitschrift *Science,* quasi den *Tagesthemen* der Wis-

Nach welchem Algorithmus wächst das Web?

senschaftswelt, schlugen Albert-László Barabási und Réka Albert 1999 ein solches Prinzip vor, das Preferential Attachment. {Auf Deutsch ist dieses Prinzip schon länger unter dem Titel »Wer hat, dem wird gegeben« bekannt.} Die Links meiner Webseite gehen zu einem Teil auf Webseiten, die ich direkt kenne, von Kollegen beispielsweise oder Einrichtungen meiner Universität. Diese lokalen, für mich bedeutsamen Webseiten werden so gut wie nie von Menschen verlinkt, die in einem anderen Beruf arbeiten, einem anderen Land leben oder eine Webseite zu ganz anderen Zwecken betreiben. Ein anderer Teil meiner Links geht auf Seiten, auf die jeder verlinken könnte, wenn ich zum Beispiel eine Karte einbinde. Für solche Links gilt: Webseiten, die bekannt sind, also schon viele Links haben, besitzen eine höhere Wahrscheinlichkeit, von einer weiteren Webseite ver-

232

linkt zu werden, als unbekannte Seiten. Das ist Preferential Attachment.

Die Idee ist beileibe nicht neu und ihre Anwendung auf das Internet eine Vereinfachung. Das Preferential-Attachment-Modell, das kann man beweisen, führt mit hoher Wahrscheinlichkeit zu einem sogenannten skalenfreien Netzwerk. Skalenfrei bedeutet, dass es sehr viele Knoten mit wenigen Kanten gibt, – wie man sagt: Knoten mit sehr kleinem Knotengrad. Einige Knoten mit deutlich größerem Knotengrad. Ganz wenige Knoten sind mit den meisten anderen Knoten im Netz verbunden, haben also einen sehr großen Knotengrad. Diese Verteilung findet sich tatsächlich im Web. Die bekannten Seiten bekommen unzählige Links, während die Mehrheit der Seiten nur wenige hat. Wächst das Netz, wächst die Anzahl der Links auf die großen Webseiten proportional mit, während jede der unzähligen kleinen Seiten immer noch genauso wenige Links bekommt. Das Prinzip Preferential Attachment lässt also eine Struktur wachsen, die sich auch im Web wiederfindet.

Furore machten die Arbeiten Barabásis und Alberts aber durch etwas anderes. Skalenfreie Netzwerke finden sich in vielen Zusammenhängen: in sozialen Netzwerken, in Zitationsnetzwerken – und im Stoffwechsel von Organismen. Darin liegt die Faszination dieses Modells. Das Prinzip Preferential Attachment verbindet das Web und den Metabolismus von *Escherichia coli.*

Den Stoffwechsel eines Organismus kann man als ein Netzwerk auffassen, in dem die Moleküle die Knoten sind. Eine Kante zwischen zwei Molekülen bedeutet, dass diese beiden Substanzen im Stoffwechsel des Organismus miteinander reagieren. Und hier ist es wie im Web: Viele Stoffe sind hoch spezialisiert und reagieren nur mit ihrem speziellen Partner. Eine Reihe von Substanzen ist an vielen Stoffwechselreaktionen beteiligt, und ein Molekül kann mit fast allen: das Wasser. Als das Preferential-Attachment-Modell aufkam, konnte man sagen: Google ist das Wasser des Webs.

Eine Kleine Welt

Skalenfreie Netzwerke haben eine weitere interessante Eigenschaft: Sie bilden »Kleine Welten«. In einer kleinen Welt sind die meisten Knoten über wenige Schritte miteinander verbunden. In einem skalenfreien Netzwerk funktioniert das, weil die wenigen Knoten mit sehr hohem Knotengrad wie Großflughäfen wirken, über die auch scheinbar weit voneinander entfernte Knoten kurze Verbindungen zueinander haben.

Es heißt, über sechs Schritte kennt jeder jeden auf diesem Planeten. Das heißt nicht, dass unser Bekanntschaftsnetzwerk skalenfrei ist. Nicht jede kleine Welt ist ein skalenfreies Netzwerk. Die Behauptung mit den sechs Schritten und der Begriff der Kleinen Welt gehen auf ein Experiment von Stanley Milgram aus dem Jahre 1967 zurück. Milgram gab 60 Amerikanern aus dem Mittleren Westen Briefe ohne Adressen. Vom Empfänger waren nur grobe Daten wie dessen Name, Beruf und Wohnort – immer Boston – bekannt. Die Briefe durften nur an gute Bekannte weitergegeben werden und sollten so ihren Empfänger erreichen. Die Mehrzahl der Briefe kam nach höchstens sechs Schritten an. Diese Zahl

Berlin
Niki
Tante
Nürnberg
Beste Freundin
Stuttgart
der Schwiegervater
Mühlheim
Sein Golffreund
Wuppertal
Seine Enkelin
New York
Einer von

17 Freunden
56 Verwandten
40 Arbeitskollegen
13 Schulfreunden
34 Facebookfreunden
23 Nachbarn
25 Kumpels im Sportverein
12 Nachbarn im Sommerhaus
9 Urlaubsbekanntschaften

Kleine Welt: Über 6 oder 7 Schritte kennt jeder jeden auf diesem Planeten.

ist so klein, dass man annehmen kann, das Verhältnis von durchschnittlichen Schritten zur Anzahl der Menschen im Bekanntschaftsnetzwerk sei logarithmisch. {Wenn das stimmt, macht es wenig aus, dass die USA in den 1960er Jahren nicht die Welt von heute waren. Heute sind es eben sieben statt sechs Schritte.}

Jon Kleinberg – der mit der Alternative zu Google – hat sich über dieses Experiment gewundert. Ihm fiel etwas auf, was bisher niemand untersucht hatte. Es ist eine algorithmische Frage. Wenn die Briefe nach sechs oder sieben Schritten ihr Ziel erreichen, dann muss es in dem Netzwerk kurze Wege von jedem Knoten zu jedem anderen geben. So weit die übliche Lesart. Der Algorithmiker ist damit nicht zufrieden. Schön, dass es diese Wege gibt, aber wie soll man sie finden? Dijkstra zum Beispiel findet kürzeste Wege, aber sie brauchen als Eingabe den gesamten Bekanntschaftsgraphen. Wie haben die Menschen im Experiment die kurzen Wege gefunden?

Die Teilnehmer, denen man die Briefe ursprünglich gab, und ihre direkten und indirekten Bekannten, die sie weitergaben, verfügten nur über lokale Information über das Bekanntschaftsnetzwerk und konnten deshalb nur lokale Algorithmen benutzen, um einen Brief weiterzugeben. Im Allgemeinen ist ein solcher lokaler Algorithmus in einem Graphen verloren wie ein Mönch in Ecos Labyrinth. In Kleinbergs Sichtweise zeigt Milgrams Experiment mehr als die Existenz kurzer Wege: Es zeigt, dass unser Bekanntschaftsnetzwerk eine Struktur besitzt, in der man sich durch den naheliegenden lokalen Algorithmus zurechtfinden kann.

Wie haben die Teilnehmer die Briefe wohl weitergegeben? Jeder gibt den Brief an einen Bekannten, der geografisch oder sozial dem Empfänger nähersteht als man selbst. Dieser Begriff von Nähe muss mit der Struktur des Netzwerks harmonieren, damit die kurzen Wege auch gefunden werden können. Kleinberg hat einen Algorithmus zur Bildung dieses Netzwerks gegeben. In Kleinbergs Modell kennt man seine eigenen Nachbarn, regional und sozial. Darüber hinaus fügt er einige völlig zufällige Kanten ein, die über weite Strecken hinweg Verbindungen schaffen. Diese Kanten stehen für die unerwarteten Zufallsbekanntschaften oder die alten Freunde, mit denen man sich auseinandergelebt hat. Es ist bekannt, dass schon wenige solcher Zufallskanten eine kleine Welt, also ein Netzwerk mit kurzen Wegen zwischen den meisten Knoten, entstehen lassen. Kleinberg zeigt, dass man in so einem Netzwerk die kurzen Wege mit dem naheliegenden lokalen Algorithmus tatsächlich findet.

Mit dem Blick des Algorithmikers hat Jon Kleinberg einem 30 Jahre alten Experiment eine neue Bedeutung abgewonnen. Dieser Blick geht auf das, was darin *wird*, anstatt nur zu sehen, was am Ende *ist*. Das ist mehr als der Gegensatz von Dynamik und Statik. Das algorithmische Sehen versteht die Dynamik durch das Prinzip, das diese antreibt. Deshalb kann man mit der algorithmischen Brille selbst in so unüberschaubaren Strukturen wie dem Web noch etwas erkennen.

Die Algorithmen der Evolution

Die Beispiele in diesem Kapitel stammen nicht aus dem Zentrum der gegenwärtigen wissenschaftlichen Diskussion. Allenfalls kann man sie als Vorboten eines neuen Sehens verstehen. Leonardos Vorläufer der Amazon-Drohne besticht auch, weil Hubschrauber heute tatsächlich fliegen können. Es ist zu früh, zu beurteilen, ob das algorithmische Sehen einmal abhebt. Wenn das neue Sehen tatsächlich unseren Horizont erweitert, dann wird man sicherlich auf eine Arbeit zurückschauen, die von den Biologen Adi Livnat, Jonathan Dushoff und Marcus Feldman mit dem Algorithmiker Chris-

237

tos Papadimitriou geschrieben wurde. Es geht um Evolutions-theorie. Die Frage ist, wer überlebt. Die hinlänglich bekannte Antwort heißt im Englischen: survival of the fittest. In einer bestimmten Lebensumgebung werden sich diejenigen Varianten von Lebewesen durchsetzen, die an diese Umgebung am besten angepasst sind. {Im Englischen hat »fit« eine Doppelbedeutung: Das Passende ist gleichzeitig das Starke.}

Survival of the fittest ist längst mehr als Terminus technicus der Biologie. Es ist ein Wahlspruch. In Umkehrung der Beweislast wird es als Rechtfertigung sozialer Systeme genutzt. In der Natur setzt sich schließlich auch der Stärkere durch. Ist das wirklich so? Die Ideen der Evolutionstheorie haben nicht nur Sozialdarwinisten inspiriert, sondern auch Algorithmiker. Genetische Algorithmen sind sogenannte Metaheuristiken, also Typen von Heuristiken – das meint man mit dem »meta«. Heuristiken sind Algorithmen, die wir nicht gut verstehen. Wir wissen, dass sie in manchen Fällen vollkommen falsch liegen, aber wir haben die Erfahrung gemacht, dass sie für bestimmte Probleme sehr gut funktionieren. Warum das so ist, übersteigt unseren Horizont.

Die beiden Heuristiken, um die es hier geht, sind für Optimierungsprobleme gemacht, wie zum Beispiel die Planung der Luftbrücke oder eines Produktionsprozesses. Damit eine Lösung des Optimierungsproblems *zulässig* ist, muss sie bestimmte Bedingungen erfüllen, zum Beispiel nicht mehr Flugzeuge benutzen, als man hat. Darüber hinaus gibt es eine Zielfunktion, mit der man jede Lösung bewertet. Eine Zielfunktion für die Produktionsplanung könnten die Kosten sein. Die will man dann natürlich minimieren. Gesucht ist die jeweils beste, zulässige Lösung.

Solche Probleme werden ständig auch ohne explizite Algorithmen gelöst. Häufig sind es gewachsene Lösungen. Man hat schon eine zulässige Lösung und verbessert sie ein ums andere Mal. Man verändert die gegenwärtige Lösung ein bisschen – man bleibt sozusagen in der Umgebung dieser Lösung – und schaut, ob irgendeine Lösung in der Umgebung besser ist als die alte. Das nennt man eine lokale Suche.

Man kann sich die Menge aller zulässigen Lösungen wie eine große Berglandschaft vorstellen. Jeder Punkt entspricht einer Lösung. Seine Höhe über Null gibt den Wert in der Zielfunktion an. Eine lokale Suche ist wie ein Wanderer, der immer nur nach unten geht, also immer nur zur besten Lösung in seiner unmittelbaren Umgebung wechselt in der Hoffnung, so das tiefste Tal zu finden. Das funktioniert freilich nicht immer. Manchmal muss man über einen Kamm, um ins Tal zu kommen. Man muss sich also zuerst Lösungen anschauen, die teurer sind, bis man wirklich die billigste Lösung erreicht. Für dieses Über-den-Kamm-Gehen gibt es verschiedene Strategien. Evolutionäre oder genetische Heuristiken sind solche Strategien, die von der Evolutionstheorie inspiriert wurden oder zumindest in Analogie zu ihr erklärt werden.

Evolution braucht mehr als *ein* Individuum, mehr als *eine* zulässige Lösung. Man braucht eine ganze Population. Die Population besteht aus ganz verschiedenen Lösungen. In jedem Schritt des Algorithmus findet ein Generationswechsel statt. Jedes Individuum der Population pflanzt sich fort. Für die Fortpflanzung gibt es zwei Regeln: Erstens, wer einen besseren Zielfunktionswert hat, bekommt mehr Nachwuchs. {Ist der Zielfunktionswert zu schlecht, hat die Lösung

239

Lokale Suche: Der Weg ins tiefste Tal ...

überhaupt keine Nachkommen.} Zweitens, beim Generationswechsel mutieren die Lösungen. Jedes Individuum hat fast
dieselben Gene wie sein Vorgänger, aber an wenigen, zufällig gewählten Stellen der Gensequenz gibt es Veränderungen.
{Der Nachwuchs sieht vollkommen anders aus.} Während die
lokale Suche systematisch alle leicht veränderten Lösungen
absucht, probiert die Mutation an ein paar zufälligen Stellen
etwas ganz anderes aus. In der Produktionsplanung würde
man zur Mutation sagen: »Think out of the box.«

Die Analogie zwischen der Suche nach besseren Lösungen und der Evolution ist nicht tiefsinnig. Organismen sind
Lösungen für das Optimierungsproblem, das durch ihre Le-
bensumstände gegeben ist. Führt eine Mutation zu einem
deutlich fitteren Organismus, wird sich dieser stärker ver-
mehren als andere. {Survial of the fittest.} Langfristig wird sich
die entsprechende Mutation in einem großen Teil der Population wiederfinden.

So weit, so bekannt. Aber irgendetwas fehlt da noch. Rich-
tig, der Sex! Nicht alle, aber viele besonders erfolgreiche
Organismen pflanzen sich sexuell fort. Die Gensequenz des
Nachwuchses wird nicht allein durch Mutation bestimmt,

sondern durch zufällige Kombination der Gensequenzen der Eltern. Auch dieser Trick wird in genetischen Algorithmen nachgeahmt: Man kombiniert Teillösungen von zwei – oder mehr – verschiedenen Lösungen aus der Population zu einer neuen Lösung.

Führt asexuelle Mutation zu den gleichen Lösungen wie sexuelle? Führt der asexuelle Algorithmus zu den gleichen Lösungen wie der sexuelle? Aus der Erfahrung mit solchen Metaheuristiken wissen wir, dass beide Algorithmentypen signifikant unterschiedliche Lösungen produzieren. Der asexuelle Algorithmus führt in der Tat dazu, dass die für die *gegenwärtige* Problemstellung beste Lösung sich auf Dauer durchsetzt. Die sexuelle Fortpflanzung führt dagegen nicht zum survival of the fittest.

In algorithmischer Sicht hat das Ergebnis der sexuellen Fortpflanzung eine gut beschreibbare Bedeutung. Wenn man das Optimierungsproblem leicht verändert, also die Lebensumgebung der Organismen sich wandelt, sind die hyperfitten, die perfekt angepassten Ergebnisse asexueller Fortpflanzung schnell chancenlos. Sie sind so spezialisiert, dass sie Änderungen im Habitat nicht überleben. Das zumindest zeigen Testrechnungen mit den beiden Algorithmen. Die durch sexuelle Fortpflanzung entstandenen Lösungen sind für die ursprünglichen Bedingungen zwar nicht perfekt, aber dennoch gut geeignet. Verändert man das Optimierungsproblem ein wenig, sind sie immer noch erfolgreich. Sexuelle Evolution führt nicht zum Überleben der Stärksten, sondern der Vielfältigen.

Algorithmisch zu arbeiten, schult das Bewusstsein für die Vielfalt, die aus geschickt gefügten Prinzipien entstehen kann. Mit diesem Bewusstsein verändert sich der Blick auf die Natur und unsere Gesellschaft. Der Blick auf das Prinzip, das etwas entstehen lässt, entdeckt und versteht, was in statischer Betrachtung verworren erscheint oder gar nicht wahrgenommen werden kann. Viele Phänomene in der Natur oder unserer Gesellschaft entwickeln sich. Deshalb ist es nur konsequent, ihr algorithmisches Prinzip zu verstehen.

Wieder zu Hause

Wo es am schönsten ist

Die Entdeckung der Vielfalt

Algorithmus ist, wenn du überlegst, wie du dir etwas überlegst. Das ist, was al-Chwarizmi im 9. Jahrhundert in Bagdad tat: Er hat sich überlegt, wie man sich die Lösungen bestimmter algebraischer Probleme überlegen kann. Wenn man überlegt, wie man sich etwas überlegt, passiert manchmal etwas Wunderbares: Aus wenigen, geschickt ineinandergefügten Entscheidungsregeln entsteht Vielfalt.

Regeln erleben wir meist als etwas, das die Vielfalt beschneidet. Hier sind sie wie ein Keim, der aufgeht. Man mag diese Vielfalt nicht glauben, bis man sie mit eigenen Augen gesehen hat – oder besser mit eigener Überlegung einen Algorithmus verstanden hat. Auf dieser Reise konnte man ein paar Mal eine solche Erfahrung machen.

Die Entdeckung jener Vielfalt hat unsere Welt verändert. Ursprünglich fand sie in der Mathematik statt. Turing und andere wollten verstehen, was präzises Schlussfolgern kann und was es nicht kann. Es ging um das Selbstverständnis der Mathematiker und um ihre Möglichkeiten, etwas zu beweisen. Je mehr Menschen auf die Kraft aufmerksam wurden, die in der Frage liegt, wie ich mir etwas überlege, desto breiter wurde die Anwendung dieser Vielfalt. Sie hat sich in die verschiedensten Gebiete ausgebreitet und mit den verschiedensten Kriterien und Denkweisen verbunden.

Aufgrund dieser Breite hat es heute kaum mehr Sinn, von »den Algorithmen« zu sprechen. Zumal wenn gar nicht klar ist, was mit dem Wort »Algorithmus« gemeint ist. Es wirkt als große Unbekannte. Man ist nicht mehr sicher, ob das, was man bisher für richtig hielt, in dem unbekannten Zusammenhang noch gilt. Man kann scheinbar nicht mehr mitreden. Das Unbekannte entmündigt und verängstigt.

Um sich von Hype und Hysterie um Algorithmen zu befreien, muss die Gesellschaft lernen nachzufragen, welche Denkweise in einem Algorithmus kondensiert ist und mit welchen Kriterien sie ihre Schlüsse zieht. Wir werden es bestimmt lernen – durch ein paar Bildungsreisen und Gewöhnung. {An Kühlschränke und Staubsauger haben wir ja uns auch gewöhnt.}

Das Wort »Algorithmus« ist für viele Diskussionen zu breit. Aber es lohnt sich dennoch, dem algorithmischen Denken als einer Möglichkeit menschlicher Kreativität Aufmerksamkeit zu schenken. Menschen sind nicht dazu da, Algorithmen auszuführen, wie Dantzigs Buchhalter, die den Simplex durchführen mussten. Im Gegenteil. Es geht darum, sich als Mensch von der stumpfsinnigen Ausführung zu befreien, indem man einmal gründlich nachdenkt. Unsere Aufgabe ist es, zu verstehen, in welche Vielfalt sich die Regeln ausprägen. Wir sollen uns die Algorithmen ausdenken. Für den Rest gibt es Computer.

Wer sich daran gewöhnt, in algorithmischen Bahnen zu denken, entdeckt Zusammenhänge und Möglichkeiten, die vorher undenkbar waren. Das kann den wissenschaftlichen

Blick auf die Natur und unsere Gesellschaft verändern. Das algorithmische Denken bietet keinen Ansatzpunkt zu entscheiden, wie wir leben wollen, und ebenso wenig, wie wir leben sollen. Aber wenn wir diese Fragen für eine Gemeinschaft geklärt haben und die Antworten umsetzen wollen, dann erlaubt uns das algorithmische Denken zu verstehen, welche Regeln sich in der von uns gewünschten Vielfalt ausprägen werden. Es ist die Umkehrung der Technokratie. Technokratie bedeutet, die Verhältnisse und die Ziele dem Instrumentarium des Herrschens anzupassen. Hier geht es darum, das Instrumentarium den gewählten Zielen anzupassen.

Wer überlegt, wie er sich etwas überlegt, wird irgendwann zu der Frage gelangen, was man sich überhaupt überlegen kann. Wir haben gesehen, dass eine Karte noch kein Weg ist. Der Schritt von dem einen zum anderen ist ein Algorithmus. Ohne eine solche Art des Schlussfolgerns lässt uns die Karte ratlos. Mit der Karte liegt zwar alle Information vor, aber ohne einen Algorithmus können wir sie nicht entschlüsseln. Wenn es für eine Frage keine hinreichend schnelle Art zu schlussfolgern gibt, dann müssen wir uns damit abfinden, diese Frage langfristig nicht beantworten zu können. Auch das ist eine Erfahrung vom Planeten der Algorithmen, an die man sich erst gewöhnen muss.

Sich zu überlegen, wie man sich etwas überlegt, ist eine Kultivierung des eigenen Denkens, ein Reifeprozess. Es wird immer wichtiger, zuerst gründlich zu überlegen, wie man sich etwas überlegt. Unter den heutigen technischen Bedingungen, wie dem Internet oder dem Aufkommen von 3D-Druckern, können die besten Ideen leicht die Grenzen der Lokalität überwinden. Welche die besten sind und wonach sich entscheidet, was »das Beste« heißt, darüber müssen wir an anderem Ort streiten.

Wohin geht die nächste Reise?

Werden uns die Algorithmen eines Tages ersetzen? Vielleicht in 10 000 Jahren? Gibt es etwas, was wir können und die Algorithmen nie können werden? {Können sie Witze? Unfreiwillig.} Praktisch, hier und jetzt, haben wir einiges am Wegesrand liegen sehen, was sie nicht können. Vor allem haben wir eine gemeinsame Grenze für Algorithmen und unser Schlussfolgern beobachtet: die Komplexität. Es ist keine Grenze wie eine Mauer, sondern eher eine Gravitation, gegen die sie ankämpfen, ohne auf Dauer gewinnen zu können.

Über 10 000 Jahre zu spekulieren ist müßig. Was hätte man vor 10 000 Jahren ändern sollen, um die Entwicklung der Atombombe zu verhindern? {War damals bis drei zu zählen schon Rüstungsforschung?} Interessanter ist die Frage, was uns von den Algorithmen prinzipiell unterscheidet. Interessant ist diese Frage vor allem, weil sie danach fragt, wie wir uns als Menschen verstehen. Aus algorithmischer Sicht ist eine Kleinigkeit bedenkenswert: Wann immer ein Mensch einen Teil seines Denkens, den Algorithmen nicht beherrschen, *präzise beschreiben* kann, ist er nur noch wenige Schritte davon entfernt, genau diesen Teil so gut zu *verstehen*, dass er ihn auslagern kann – als Algorithmus.

Es gibt einen einfachen Grund, weshalb uns die Algorithmen nicht ersetzen werden: Wir können unser Denken in Teilen so gut verstehen, dass wir es auslagern können. Das hat auch al-Chwarizmi getan. Es reichte ihm nicht, dass er seine algebraischen Fragen lösen konnte. Er wollte verstehen, wie er das kann. Es gelang ihm, sein Verständnis bestimmter algebraischer Probleme in wenige, aber geschickt ineinandergefügte Entscheidungsregeln zu fassen. Er hat sein Verständnis so gut verstanden, dass er es an andere weitergeben konnte. Und dann hat er daraus ein Buch gemacht. In der lateinischen Übersetzung hieß es »Algoritmi de numero Indorum«, zu Deutsch: »Al-Chwarizmi über die Indischen Zahlen«. Er hatte keine Computer, an die er seine Denkweisen auslagern konnte. Deshalb hat er sie in einem Buch an uns alle ausgelagert. Wer ein Buch schreibt, lagert seine Denkweisen aus, so dass andere damit umgehen können. Das ist nicht in jeder Hinsicht dasselbe wie bei einem Algorithmus. Aber in einer Hinsicht sehr wohl: Die Verantwortung für das, was ich geschrieben habe, bleibt bei mir, dem Autor.

Der Mensch ist eines der wenigen Tiere, die Werkzeuge verwenden. Er ist das einzige Wesen, das Teile seines eigenen Denkens so gut versteht, dass es sie auslagern kann. Wir sind die Einzigen, die denken lassen. Es bleibt aber unser Denken. Die Algorithmen sind wir selbst. Der Planet der Algorithmen ist unser Planet.

Diese Reise war eine Wiederentdeckung unseres Heimatplaneten. Es gibt noch viele wunderschöne Touren auf diesem Planeten. Manchmal muss man etwas mehr klettern, bis man die Schönheit einer algorithmischen Idee zu Gesicht bekommt. Aber es lohnt sich. Und es lohnt sich, wiederzukommen. Schließlich geht es um die Bildung einer Fähigkeit, die den Menschen vor allen anderen auszeichnet.

Danke!

Auf den Planeten der Algorithmen bin ich selbst eher zufällig geraten. Die Details sind nicht von Belang. Wichtig war, dass Rolf Möhring mich vom Flughafen abgeholt und mir gezeigt hat, wie man hier seine eigenen Wege findet. Der Planet ist nämlich riesig. Deshalb wäre dieses Buch nie zustande gekommen ohne ihn und andere einheimische Freunde wie Max Klimm, Martin Skutella, Wiebke Höhn, Ágnes Cseh und Alberto Marchetti-Spaccamela, die mir von ihren Lieblingsrouten erzählt und bei der Vorbereitung meiner eigenen Touren geholfen haben. Ebenso dankbar bin ich aufmerksamen Touristen wie der Künstlerin Birgit Bellmann und der Lektorin dieses Buches, Meiken Endruweit, die mich mehr als einmal aus dem Treibsand gezogen haben.

Auf meiner Reise haben mich Gabi, Viola und Julius, meine Familie, durch alle Strapazen hindurch begleitet. Das war das Wichtigste. Aber versprochen, nächstes Mal fahren wir einfach an den Strand!

Private Touren

Die meisten, die auf dem Planeten gestrandet sind, ob professionell oder als Touristen, sind wegen der Freude am Klettern hier. Es macht Spaß, sich zu überlegen, wie man sich etwas überlegt. Touren auf eigene Faust sind dringend anzuraten!

Einige der besten deutschsprachigen Kollegen haben ihre Lieblingseinsteigertouren in dem Buch »Taschenbuch der Algorithmen« beschrieben. Man findet diese Touren auch im Netz. Zum Beispiel unter »Algorithmus der Woche«.

Ein ähnliches Kletterbuch mit etwas mehr Hintergrund zu Land und Leuten haben einige der besten italienischen Kollegen auf Englisch zusammengestellt: »The Power of Algorithms«.

Wer von Sortieralgorithmen nicht genug haben kann, sucht im Netz nach Videos mit den folgenden Schlagworten: *Sorting Algorithm Folk Dance*. Richtig: Folk Dance. Es gibt eine Tanzgruppe, die alle wichtigen Sortieralgorithmen vortanzt.

Wer »Game of Life« beim Wachsen zuschauen möchte, zieht sich am besten erst einmal ein paar Videoclips dazu rein. So bekommt man ein Gefühl dafür, wie es laufen kann.

Wer gerne umräumt, sollte nach Webseiten zu »Türme von Hanoi« suchen. Auf manchen Seiten kann man das als Kinderspiel ausprobieren – es ist aber eine sehr frustrierende Tour, denn auch der einfachste Weg ist ziemlich umständlich.

Wer zählen will wie der legendäre, blinde General, sucht nach *Chinese Remainder Theorem Calculator*. Mir hat der von David Wees am besten gefallen.

Wer die Details des WG-Lebens harmonisch regeln möchte, sucht nach *Francis Su Fair Division Calculator*. Dann klappt's auch mit der Miete.

Und wer eine Reise entlang einiger 10 000 Städte plant, sollte sich den *TSP-Solver CONCORDE* zulegen – und vielleicht doch ein bisschen Mathematik studieren.

Literaturangaben

Zu den Zitaten in Kapitel 2 (Definitionen):

Thomas Ottmann, Peter Widmayer: *Algorithmen und Daten-strukturen*, B.I. Wissenschaftsverlag, Mannheim, Wien, Zürich 1990, Seite 15

Christos H. Papadimitriou: *Computational Complexity*, Addison-Wesley, 1993, Seite 3

Michael R. Garey, David S. Johnson: *Computers and Intract-ability. A Guide to the Theory of NP-Completeness*, W.H. Freeman & Company, 1979, Seite 4

Zu Gödels Brief in Kapitel 3:

Der Brief vom 20. März 1956 ist online unter folgender URL verfügbar:
http://www.karlin.mff.cuni.cz/~krajicek/goedel-letter.pdf
Das Copyright gehört dem IAS Princeton. Der Mathemati-ker, Logiker und Gödel-Biograph John William Dawson hat diesen Brief, der heute in der Library of Congress liegt, ent-deckt.

Der zweite Geniestreich von Randall Munroe

In seinem „Dinge-Erklärer" zeigt Randall Munroe uns in 50 Zeichnungen den Bauplan der Welt: die Entstehung des Lebens, das Sonnensystem, den Bau einer Brücke oder die Funktionsweise von Raketen, Kugelschreibern oder Motoren. Mit genial beschrifteten Schaubildern – verwendet werden nur die 1000 häufigsten Wörter! – lassen sich die kompliziertesten Sachen auf einen Blick verstehen.